# 兰考县城市地质资源与地质环境研究

宋会香　邓晓颖　刘承勇　等编著

黄河水利出版社
·郑州·

## 内 容 提 要

本书较为详细地阐述了兰考县区域地质条件、水文地质条件、工程地质条件、环境地质条件等地质背景条件;对兰考县地质资源进行了分析评价,内容涉及地下水资源计算及评价,应急地下水源地规划,浅层地热资源及深部地热资源等城市清洁能源计算及评价,矿产资源、地质景观资源分析及论述;对城市地质环境问题进行了论述及评价,包括地下水质量评价、地下水污染评价、土壤污染评价、垃圾处置场适宜性评价等,并针对兰考县地质环境问题提出了防治对策,进行了城市地质环境适宜性评价。本书对兰考县合理开发利用地质资源和保护地质环境具有重要意义,可为兰考县城市规划、建设、管理提供地质依据。

本书可供从事城市地质、环境地质领域的科研人员、专业技术人员等参考使用。

**图书在版编目(CIP)数据**

兰考县城市地质资源与地质环境研究/宋会香等编著.—郑州:黄河水利出版社,2023.6

ISBN 978-7-5509-3587-7

Ⅰ.①兰… Ⅱ.①宋… Ⅲ.①区域地质-研究-兰考县 Ⅳ.①P562.614

中国国家版本馆 CIP 数据核字(2023)第 100349 号

责任编辑 景泽龙　　责任校对 杨秀英
封面设计 黄瑞宁　　责任监制 常红昕
出版发行 黄河水利出版社
地址:河南省郑州市顺河路 49 号　邮政编码:450003
网址:www.yrcp.com　E-mail:hhslcbs@126.com
发行部电话:0371-66020550
承印单位 河南新华印刷集团有限公司
开　　本 787 mm×1 092 mm　1/16
印　　张 9
字　　数 160 千字
版次印次 2023 年 6 月第 1 版　2023 年 6 月第 1 次印刷

定　　价 56.00 元

# 前　言

## 一、研究背景

资源、环境与人类生产生活息息相关。资源是人类生产的物质基础,人类社会的建设与发展都是建立在自然资源消耗的前提下。环境是支撑人类生存和发展的重要基础,是人类生产生活的载体。城市是人类密集聚居地,是政治、经济、文化的中心。城市地质资源是城市经济发展的基础,包括几个方面:矿产资源、能源资源、土地资源、水资源、地质景观资源等。城市地质环境是城市建设和发展的基础,城市地质环境问题包括地下水资源衰减、地质灾害、矿山环境地质问题、环境污染等问题。

随着世界人口剧增和经济迅速发展,由于自然资源开采利用所导致的资源危机情况逐渐暴露。由于过度开发地质资源,轻视地质环境保护,引起一系列地质环境问题,导致全球性的环境地质问题频发。人类未来的发展将遭遇资源与环境的严重挑战,长期以来对地球的索取与开发造成了今天资源的严重短缺和环境的严重恶化。

就我国而言,目前我国在世界经济组成当中已经占据了较大比重,国内社会发展迅猛,城镇化快速发展,自然资源不断被开发利用,对自然资源过度取用和浪费情况严重,同时对城市地质环境产生了显著影响,引发了不同程度的环境地质问题和地质灾害,诸如地下水资源衰减、地下水污染、地面沉降、地面塌陷等,严重制约了城市经济和社会的可持续发展。

兰考县是河南省的省直管县,位于河南省东部,地处豫东平原西部,西邻开封,东连商丘,北临山东菏泽,是河南通往鲁西南的重要门户。随着兰考县工业化、城镇化的快速推进,城市规模不断扩大,城市人口急剧膨胀,地下水、矿产、土地等资源开发力度加大。首先带来的是能源和矿产资源短缺及衰竭,其次带来一系列诸如水资源衰竭及水土污染环境地质问题。由于兰考县城市规划区面积不断扩大,水资源需求不断增加,水资源需求难以保障,需要寻找新的水源作为城市发展的应急或后备水源;由于地下水超采导致地下水产生降落漏斗、地面产生沉降;水土遭受污染,地下水和土壤质量状况总体不容乐观,水土污染带来农作物污染,农作物产品质量下降,对人体健康造成危害。

这些问题加剧了资源、环境和人口之间的矛盾，制约兰考县城市的发展，因此有必要进行兰考县地质资源与地质环境的研究。

## 二、研究意义

资源开发利用与环境保护都是人类社会的行为活动，资源开发是社会建设的必要条件，而环境保护是社会可持续发展的重要理念，所以二者之间相互影响、相互促进，共同推动人类社会的进步。

如何开发和利用资源，寻找新的资源，保护环境和防治地质灾害，建立资源与环境忧患意识，以及深入研究、探讨它们之间的相互关系、相互影响，更深刻地理解人口、资源、环境之间的辩证关系，在保持经济发展的前提下，合理开发利用资源，保护好资源，是新时期地质工作的重要使命和重大课题。

城市地质资源与地质环境综合评价具有较强的科学性，开展城市地质资源与城市地质环境研究，能促进城市经济的可持续发展，对于合理开发利用资源和保护地质环境、促进人类与地质环境的协调发展具有重要的现实意义。

## 三、研究目标及内容

对研究区内区域地质背景条件、水文地质条件、工程地质条件、主要环境地质条件等进行研究；对研究区内的地下水资源、浅层地热资源和深部地热资源进行计算及评价，对研究区内矿产资源、地质景观资源等进行论述；对研究区的地下水污染及土壤污染等主要环境地质问题、工程地质条件与适宜性、地质灾害、地质环境适宜性等进行评价，为兰考县地质资源合理开发利用与地质环境保护提供依据，为兰考县国土开发整治和城市规划、建设、管理服务。研究内容主要包括以下方面。

**（一）兰考县的城市地质背景研究**

（1）研究区内地形地貌、地层岩性、地质构造等区域地质背景条件。

（2）研究区内含水岩组、地下水补径排条件、地下水水化学特征等水文地质条件。

（3）研究区内的工程地质条件，各类城市规划和建设的适宜性评价。

（4）研究区内主要环境地质条件。

**（二）兰考县的城市地质资源研究**

（1）阐明水文地质条件，对全区地下水资源进行计算和评价。

（2）确定后备水源地位置与规模，对地下水水质、地下水开采层位及允许开采资源量进行计算和评价。

(3)初步计算和评价区内浅层地热资源、深层地热资源等清洁能源的资源量。

(4)对矿产资源、地质景观资源的研究。

**(三)兰考县的城市地质环境研究**

(1)从地壳稳定性评价、地面稳定性评价和地基稳定性评价三个方面对兰考县工程地质进行专项评价。

(2)开展地表水和地下水水质评价,进行地下水质量分区,对地下水防污性能进行评价。

(3)对垃圾处置场进行适宜性评价,对目前正在使用的垃圾填埋场适宜性做出正确客观的评价,对城市未来垃圾场选址提出合理的建议。

(4)兰考县城市建设用地地质环境适宜性评价,进行地质环境功能评价与区划。

本书通过对兰考县城市地质背景条件的研究,从城市地质资源开发、城市地质环境保护角度,评价城市规划和建设的适宜性,促进城市地质资源、城市地质环境与城市协调发展,但因涉及学科较多,且作者水平有限,书中的谬误之处在所难免,敬请读者批评指正。

作　者

2023年5月

# 目 录

# 第一篇　城市地质条件

## 第一章　城市自然地理及社会经济概况

### 第一节　研究区范围

兰考县是河南省的省直管县，位于河南省东部，地处豫东平原西部，西邻开封，东连商丘，北临山东菏泽，是河南通往鲁西南的重要门户。截至2016年，兰考县户籍人口85.18万人，总面积1 116 km²。兰考处于开封、菏泽、商丘三角地带的中心部位，东临京九铁路，西依京广铁路，陇海铁路、郑徐高铁横贯全境，106、240、310三条国道在县城交会，连霍、日南两条高速公路穿境而过，是河南“一极两圈三层”中“半小时交通圈”的重要组成部分，形成了以铁路、高速铁路、高速公路、国道、省道为骨架，以县、乡、村道路为脉络的交通网络，为兰考经济发展提供了独特的便利条件（见图1-1）。

研究区范围为兰考县城市规划区，包括三义寨乡、城关乡、城关镇的全部辖区，地理坐标介于东经114°45′53″～114°50′39″，北纬34°46′27″～34°51′43″，总面积210 km²。根据《兰考县城市总体规划（2013—2030）》，规划区分为中心城区、都市农业区、生态绿地以及黄河湿地保护区等四大区。其中中心城区指规划区范围内城镇化水平较高、城市人口相对集中、市政公用设施和其他设施基本具备的地区，其中城市建设用地面积65.24 km²。

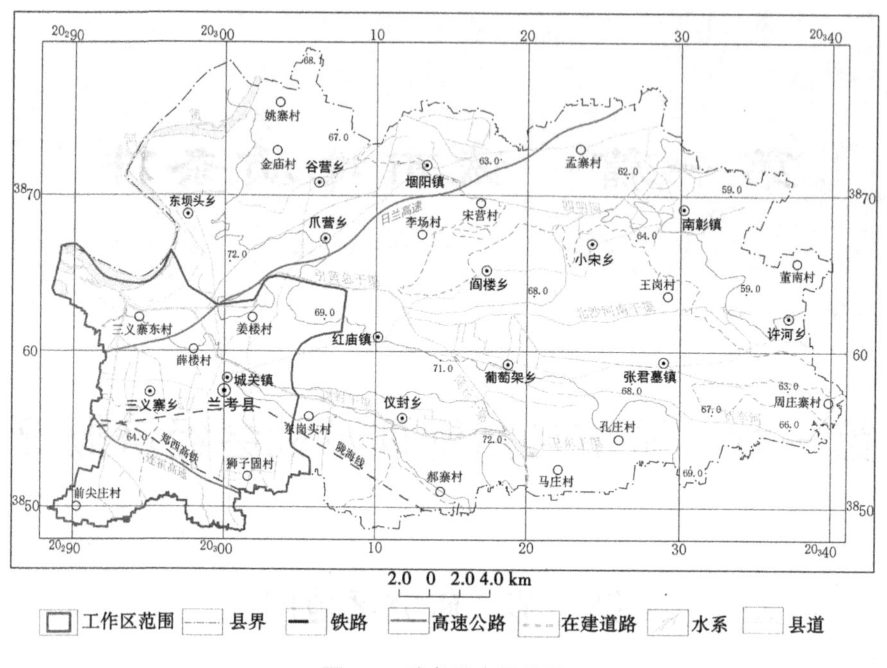


图 1-1　兰考县交通位置

# 第二节　自然地理概况

## 一、地形地貌

### (一)区域地形地貌

兰考县属流水堆积地貌,地处黄淮平原腹地,辽阔平坦,但微地貌差异明显。总的地势是西高东低,稍有倾斜,海拔为 57~75 m,地面坡降为 1/5 000~1/10 000。历代黄河在县境内曾多次泛滥、决口、改道,遗留的两条故堤、三条故道由东南至西北横贯全境。

研究区内人工河道、沟渠纵横交错,现代黄河大堤蔚为壮观。根据成因类型及形态特征的不同,以现代黄河大堤为界,分为黄河泛流平原和黄河漫滩两个区(见图 1-2),大堤以南为黄河泛流平原,大堤以北是黄河滩地,现分述如下。

1. 黄河泛流平原(Ⅰ)

研究区自第四纪以来,一直处于缓慢下降、堆积,又由于历次黄河改道、泛滥,致使地表形态变得复杂,再加上后期人工修建渠系割裂了完整的平原地形。随着黄河多次改道,人工筑堤拦水,地表遗留下断续人工废堤和阶梯状地形。黄河多次改道还遗存了各种微地貌形态,如条形洼地、黄河故道等。

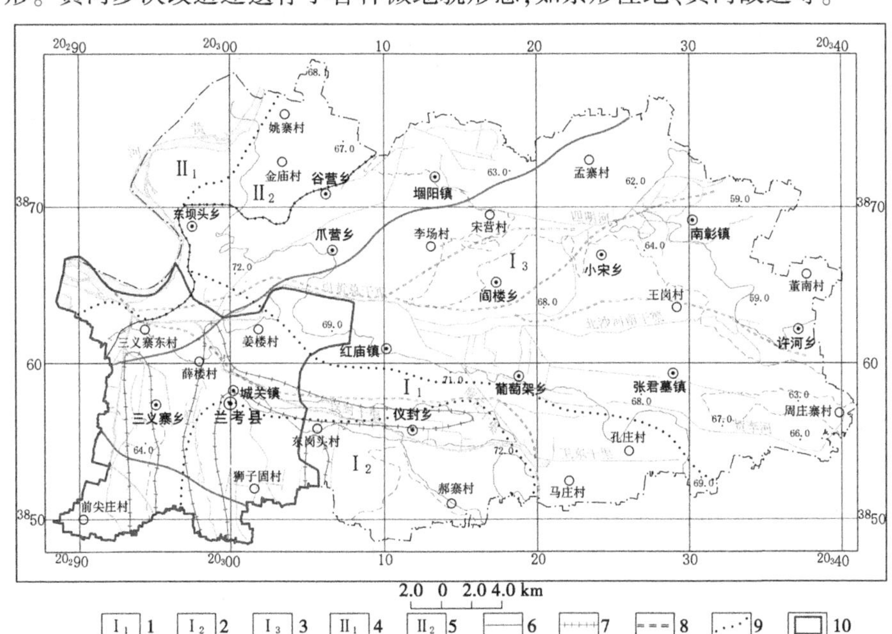


1—微起伏泛流平原区;2—有沙丘地分布的泛流平原区;3—黄河故道区(1~3为黄河泛流平原区);4—低漫滩区;5—高漫滩区(4~5为黄河漫滩区);6—人工堤;7—洼地;8—古河道(6~8为微地貌);9—地貌分区界线;10—工作区范围。

**图1-2　区域地貌**

1)微起伏泛流平原(Ⅰ$_1$)

微起伏泛流平原分布于研究区西南部,呈带状分布于三义寨—红庙—葡萄架一带以南地区,面积232.24 km$^2$,占全县总面积的20.81%。该区总体地形较平坦,地势由西北向东南微倾,自然坡降0.15‰~0.10‰,海拔64~75 m。地表岩性以粉土为主。

2)有沙丘地分布的泛流平原(Ⅰ$_2$)

有沙丘地分布的泛流平原分布于县城东南及南部,面积147.02 km$^2$,占全县总面积的13.17%。该区有高差一般为0.5~1 m的微起伏沙丘地等微地貌形态,区内有明清黄河故道及故堤,由西北至东南断续展布,黄河故道河槽宽0.1~1 km,泥沙淤塞,潮湿,两侧河漫滩高出附近地面1~3 m,成为地上故河。表层粉砂、细砂覆盖,经风的吹扬作用,再堆积成垄状沙丘、沙地等,现多被改造推平为平坦沙地。

3)黄河故道区($\mathrm{I}_3$)

黄河故道区分布于研究区东北部大部分地区,面积 635.50 $km^2$,占全县总面积的 57.21%。区内断续分布有一些时代不明的黄河故道遗迹,在地貌形态上反映出明显的河槽凹地形态,局部地段被改造为河渠。河槽宽窄不等,有的有积水。

2. 黄河漫滩(Ⅱ)

公元 1855 年(清咸丰五年)黄河改道北迁形成了现今河道,在人工筑堤约束和河流强烈堆积双重机制作用下,形成了现代黄河漫滩,包括低漫滩和高漫滩。

1)低漫滩($\mathrm{II}_1$)

低漫滩分布于现代黄河右侧,分布面积 44.96 $km^2$,占全县总面积的 4.03%,宽 0.2~2 km,一般高出河水面 1~3 m,漫滩微向河道倾斜。岩性主要为粉细砂。

2)高漫滩($\mathrm{II}_2$)

高漫滩沿黄河大堤内侧分布,宽 0.5~5 km,高于低漫滩 1~4 m,地势平坦,高出堤外平原 4~7 m,分布面积 53.28 $km^2$,占全县总面积的 4.77%。组成岩性以粉土、粉细砂为主。在东坝头乡黄河冲刷岸高漫滩与河水直接接触。高漫滩均开垦为耕地,有零星村庄分布。

**(二)研究区微地貌**

通过本次对兰考县城市规划区调查,区内现状地貌主要是黄河历次泛滥改道所留下的遗迹,按其形态,可分为黄河漫滩区、背河洼地区,以及倾斜平原区。

1. 黄河漫滩区

黄河漫滩区分布于黄河大堤以北地区,该区面积约为 12.33 $km^2$,占研究区面积的 5.87%。地面标高 72~75 m,地面微向黄河倾斜,滩面一般高出黄河水面 2~3 m,比大堤南侧高出 6~8 m。

2. 背河洼地区

背河洼地区分布于黄河大堤南侧,呈带状分布,宽 1~3 km,地面标高 64~68 m。该区面积约为 66.43 $km^2$,占研究区面积的 31.63%。其特征是:地势低洼,流水不畅,易涝易碱。更由于黄河侧渗补给地下水,使地下水位浅埋,形成了大片积水洼地。

3. 倾斜平原区

倾斜平原区位于背河洼地周边区域，该区面积约为 131. 24 km$^2$，占研究区面积的 62. 50%。地面高程 66~73 m，微向东南倾斜，坡降 1/2 500~1/3 000。

沙丘、沙岗多零星分布于研究区南部，沙丘一般高出地面 2~4 m，现绝大部分已被推平。

## 二、气象与水文特征

### （一）气象

兰考县地处北纬暖温带，属于半湿润大陆性季风气候，四季分明，春暖、夏热、秋凉、冬冷，冬夏时间长，春秋时间短。具有光热丰富、日照充足、雨热同期、无霜期长的特征。根据收集的 1990—2015 年间的气象资料，主要气象要素情况如下。

1. 气温

年平均气温 14. 4 ℃（见表 1-1）。月平均气温 1 月气温最低，平均为-1 ℃，7 月气温最高，平均为 28. 2 ℃。1990—2015 年期间极端最低气温-15. 6 ℃，出现在 1990 年 1 月 31 日；极端最高气温 39. 5 ℃，出现在 2002 年 7 月 15 日。

**表 1-1　兰考县历年平均气温变化**　单位：℃

| 项目 | | 1 月 | 2 月 | 3 月 | 4 月 | 5 月 | 6 月 | 7 月 | 8 月 | 9 月 | 10 月 | 11 月 | 12 月 | 全年 |
|---|---|---|---|---|---|---|---|---|---|---|---|---|---|---|
| 气温 | 月平均 | -1 | 2. 6 | 8. 6 | 14. 5 | 21. 5 | 26. 1 | 28. 2 | 25. 9 | 22. 8 | 14. 9 | 7. 6 | 1. 2 | 14. 4 |
| | 月变差 | -2. 2 | 2. 7 | 5. 9 | 6. 9 | 6. 4 | 5. 2 | 1. 1 | 1. 3 | 5. 1 | -5. 9 | -7. 3 | -6. 4 | |
| | 极端最高 | 17. 8 | 23. 3 | 28. 4 | 34. 5 | 38. 1 | 38. 5 | 39. 5 | 38. 8 | 36. 1 | 23. 1 | 25. 1 | 17. 1 | |
| | 极端最低 | -15. 6 | -13. 7 | -7. 3 | -2. 6 | 4. 7 | 11. 0 | 15. 3 | 13. 9 | 5. 3 | -1. 6 | -7. 2 | -15. 9 | |

2. 日照

年平均日照时数为 2 072 h。月平均日照时数 1 月最少，6 月最多。25 年间日照时数最少的年份是2003年(1 643.4 h),最多的年份是1995年(2 361.7 h)。

3. 降水

年平均降水量636.1 mm(见表1-2)。月平均降水量1月最少,一般是10.2 mm;7月最多,一般是156.3 mm。春季(3—5月)降水量占全年的20%,夏季(6—8月)占56%,秋季(9—11月)占18%,冬季(12月至翌年2月)占6%。25年间降水量最少的是1997年的356 mm,最多的是2003年的1 024 mm。

**表1-2 兰考县历年各月平均降水量** 单位:mm

| 项目 | 1月 | 2月 | 3月 | 4月 | 5月 | 6月 | 7月 | 8月 | 9月 | 10月 | 11月 | 12月 | 全年 |
|---|---|---|---|---|---|---|---|---|---|---|---|---|---|
| 平均降水量 | 10.2 | 13.1 | 22.8 | 55.4 | 47 | 70.8 | 156.3 | 126.2 | 70.6 | 34.7 | 16.2 | 12.8 | 636.1 |

4. 蒸发

年平均蒸发量1 620.3 mm,是降水量的2.56倍。月平均蒸发最大是6月的241.2 mm,最小是12月的47.8 mm。

5. 湿度

年平均相对湿度为71.15%。夏季相对湿度较大,8月平均为80.43%,春季湿度相对较小,2月平均为63.42%。

影响本县的主要气象灾害是高温、低温、干旱、涝、冰雹、大风和寒潮等,其中以干旱和涝灾为重。

**(二)水文**

兰考县地跨黄河、淮河2个流域,3个水系。

根据本次调查,研究区内的水系主要为黄河、淤泥河及黄蔡河,其中淤泥河和黄蔡河经人工改造较大,现研究区内存在的人工干渠多为该河流及其支流改造,如兰杞干渠由淤泥河改造建成。

1. 黄河流域

以黄河大堤为分水岭,大堤以内黄河滩区属黄河流域,黄河在县境内流经长度为25 km,流域面积151.78 $km^2$,占全县面积的13.6%,涉及三义寨、谷营、爪营、东坝头、锢阳5个乡(镇),主要排水沟河1条,年平均引黄河水资源总量2.2亿$m^3$。

河道在兰考县境内的基本走向呈“S”形,曲折多变,游荡性大,素有“豆腐腰”之称。由于黄河含沙量大,加上河床弯曲、坡降小、泥沙淤积严重,河床逐年增高，平均每年抬高 10 cm。在兰考，黄河形成悬河，河床高出县城地面 5～6 m。三义寨引黄灌区给兰考县人民带来了一定的经济效益。黄河不仅是兰考县重要的水资源，而且也使地下水资源得到一定的补给。

2. 淮河流域

黄河大堤以外属淮河流域，面积 964.22 $km^2$，占全县面积的 86.4%，淮河流域内又分为惠济河水系和万福河水系。惠济河水系分布在南故堤以南，陇海铁路两侧，主要沟河 5 条，流域面积 164.32 $km^2$。分布范围除惠济河流域外，其余全部是万福河水系，面积 799.9 $km^2$。

3. 骨干河流

全县主要骨干河流发育于县境西部，分为两类。一类是发源地在县境后出境的河流，有黄蔡河、济民沟等；一类是全部径流在县境内的河流，有四明河、贺李河、吴河沟等。

全县河道流域面积在 10 $km^2$ 以上的沟河共计 20 条，其中 100 $km^2$ 以上的有 3 条，30～100 $km^2$ 的有 5 条，10～30 $km^2$ 的有 12 条。

黄蔡河、四明河、贺李河均属流域面积 100 $km^2$ 以上的河流，是典型的雨源型河道，主要作用是排涝，无污废水纳入。其中黄蔡河是较大的一个支流。丰水期，黄蔡河流量 5.14 $m^3/s$，贺李河流量 1.39 $m^3/s$，四明河流量 0.6 $m^3/s$；枯水期水量较小甚至断流。洪水季节河水补给地下水，其他季节排泄地下水。人工渠有引黄干渠、兰杞渠、兰商干渠、三义寨渠等，流量普遍较小。

## 三、生态环境特征

兰考县地处华北平原黄淮流域，具有明显的大陆性气候特征，适合多种植物的生长。研究区植被类型总的可分为自然植被和人工植被。

研究区内的自然植被多为草本及灌木植物，主要生长在部分盐碱地、涝洼地、黄河滩地、堤边、路边、沟边，面积很小。在树林、农作物地的间隙也有生长。

人工植被为人工种植的林木、粮食、油料、棉花、蔬菜等植物。林木以用材林、经济林、观赏树木为主，如杨树、泡桐、榆树、柳树、刺槐、苹果、梨、桃、杏、柿等。兰考县是全国绿化模范县，林木覆盖率达到 20.16%，林木蓄积量 300 万 $m^3$。兰考是著名的“泡桐之乡”，全县有农桐间作面积 50 万亩。全县大部分地区为农业植被，即人工种植的农作物，主要有小麦、花生、玉米、大豆、棉花等。

## 第三节 社会经济概况

### 一、社会经济现状

**(一)市域现状**

兰考县辖8个乡、5个镇、3个街道和1个产业集聚区、1个商务中心区,450个行政村(社区),总人口83万人,总面积1 116 $km^3$。

根据《兰考县城市总体规划(2013—2030)》,兰考县城市规划期限为2013—2030年,其中近期为2013—2015年,中期为2016—2020年,远期为2021—2030年。城市规划区范围包括三义寨乡、城关乡、城关镇的全部辖区,总面积210 $km^2$。

根据《兰考县中心城区空间布局规划(2016—2030)》,规划中心城区总面积74.5 $km^2$,西至金沙街,东至东环路,北至北环路,南至南环路。

**(二)城市性质、发展规模、现状功能分区、经济发展现状**

1. 城市性质

兰考县为全国知名红色文化名城,中原经济区新兴战略支点,陇海产业轴带重要节点,享有作为省直管县的省辖市全部经济管理权限,是河南改革发展和加强党的建设综合试验示范县,全国首个普惠金融改革试验区,具有明显的政策优势,具有面向全国的焦裕禄精神教育基地,以板材加工、装备制造、农产品加工等为主导产业的新兴工业基地,生态宜居的综合型城市。

2. 发展规模

根据《兰考县中心城区空间布局规划(2016—2030)》,兰考县城市发展规模规划如下:近期2020年,城镇化率达到58%,人口达到40万人,建设用地26.17 $km^2$;远期2030年,城镇化率达到75%,人口达到65万人,建设用地65.24 $km^2$。

3. 现状功能分区

规划生活居住用地分为南、中、北3个生活组团7个居住区,每个居住区设置配套的商业服务及其他相应的公共服务设施。规划居住用地2 026.16 $hm^2$,占城市建设用地的31.06%,人均居住用地33.22 $m^2$。

1)中部生活组团

规划在城市中部片区重点改善建成区居住区环境质量与配套水平,并结合老城中心区、商务中心区、兰阳河、南湖公园适当建设中高档次商品住宅,形成一批环境良好、配套完善的宜居社区。中部生活组团规划居住用地 1 242.46 $hm^2$,规划居住人口约 37.4 万人。中部生活组团包括老城居住区、老城东部居住区、西部新区东部居住区、西部新区西部居住区。

2)南部生活组团

规划在城市南部片区结合产业布局,落实产城融合的理念,安排主要服务于产业集聚区的普通住宅与拆迁安置小区。同时结合高铁站布置部分居住用地。南部生活组团规划居住用地 336.83 $hm^2$,规划居住人口约 10.1 万人。南部生活组团包括产业集聚区居住区、高铁居住区。

3)北部生活组团

北部生活组团依托现有中原油田第三生活区和兰考县文化体育中心展开,规划居住用地 446.87 $hm^2$,居住人口 13.5 万人。

4.经济发展现状

2015 年,全县完成生产总值 233.6 亿元,同比增长 10.1%;规模以上工业企业增加值 87.2 亿元,增长 11.3%;固定资产投资 147.8 亿元,增长 19.4%;社会消费品零售总额 83.2 亿元,增长 13.1%;公共财政预算收入 12.7 亿元,增长 12.7%;金融机构各项存款余额 146.1 亿元,比年初增加 19.5 亿元,增长 14.8%。各项贷款余额 85.8 亿元,比年初增加 23.8 亿元,增长 38.4%;城镇居民、农村居民人均可支配收入分别达到 19 651 元、9 072 元。荣获河南省 2015 年度市县经济社会发展目标考核评价省直管县第一名。

## 二、社会经济发展规划

兰考县总体发展目标为:将兰考建设成历史文化底蕴深厚、城市特色鲜明的郑汴洛工业走廊东部节点城市和开封市域东北部中心城市。城市发展目标为:豫鲁交界区域性中心城市,丝绸之路经济带新兴战略支点,全国知名红色文化名城,中原经济区新兴战略支点,陇海产业轴带重要节点,开封地区副中心城市。

兰考县城市发展方向为“西进、南拓、北展、东控、中优”。

西进:发展城区西部空间,延续中山路城市西向发展轴线,以商务中心区为核心,向西扩展城市空间。

南拓:跨越陇海铁路,城市空间向南拓展,建设产业集聚区,优化完善产业功能,强化产城互动发展。

北展:加强中原油田生活区与兰阳河之间的联系,适度展开城北用地空间,使原来孤立于主城区的中原油田生活区融入整个城市空间,成为其有机组成部分。

东控:东部地形低洼,东向的经济吸引相对较弱,控制城市空间向东发展。

中优:优化土地使用功能,整合土地资源,更新老城区;改善居住环境,完善公共服务配套设施和基础设施。

兰考县中心城区规划结构为“一环两轴、三带四心、四片区”。

一环:城市外围生态绿环。

两轴:城市东西向、南北向发展轴。

三带:兰阳河生态绿带、陇海铁路生态绿带、四干渠生态绿带。

四心:城市记忆核心、新城活力中心、高铁门户中心、特色文化中心。

四片区:商务休闲区、老城区、行政文化区、产业集聚区。

兰考县景观水系结构为利用黄河水源,结合城区现有河道干渠,形成“一源两带十二湖十二脉”的水系结构。

一源:二坝寨引黄调蓄工程。

两带:兰阳河、四干渠滨水景观带。

十二湖:金牛湖、金花湖、金沙湖、南湖、兰阳湖、麒麟湖、兰湖、桐湖、凤泉湖、凤鸣湖、青莲湖、青阳湖。

十二脉:兰阳河、汶水河、饮泉河、福泉河、浚仪河、四干渠、迎宾河、青阳河、清涧河、东城河、金兰河、五干二支渠。

兰考县城市路网结构:中心城区形成“一环九横七纵”的主干路网结构。

一环:城区外围的环城快速路,分别是北环路、东环路、南环路、金沙街。

九横:金牛路、光裕路、文体路、考城路、中山大道、车站路、华梁路、中州路、科技路。

七纵:西环路、济阳大道、朝阳大道、黄河大道、裕禄大道、学院路、东明大道。

# 第二章　城市地质环境背景

## 第一节　地质构造

### 一、地层岩性

研究区内基底地层由前新生界寒武系、奥陶系、二叠系、侏罗-白垩系组成，与上覆新生界地层呈角度不整合接触。新生界厚度一般为3 000 m，最深达6 500 m，据区域地质地热资料，新生界地层埋藏有丰富的地热能资源。研究区地壳一直处于缓慢的沉降运动中，受古地理、古气候影响，沉积了巨厚的新生代地层，新生界以来，该区自下而上沉积了古近系、新近系、第四系地层，其特征分述如下。

**（一）古近系（E）**

仅见于开封、郑州钻孔内，研究区外围西部、西南部山区及通许隆起部位缺失，主要岩性为黏土岩、砂质黏土岩与泥质胶结的砂砾岩、砂岩不等厚互层，局部夹含砂泥质灰岩。

与下白垩系、侏罗系、二叠系、寒武系、奥陶系等地层呈角度不整合接触。研究区西部厚度大于600 m，东部厚度大于1 000 m。

古近系顶板埋深在开封为2 000 m以下，底板埋深在兰考、封丘、延津一线较大，为4 000~6 500 m。古近系及其下的地层构成了目前研究区开封凹陷区地热开采储层的基底。

**（二）新近系（N）**

新近系地层是研究区目前主要开采的储水层，上被第四系覆盖，整个区域均有分布，发育比较好。新近系地层在研究区厚度为600~2 000 m，新近系地层顶板埋深在兰考县为300 m以下。

新近系地层从岩性可分为两组。

1.馆陶组（Ng）

岩性下部为褐灰色灰岩、泥灰岩、灰白色钙质砂岩；中部为灰绿色细砂岩及浅灰绿、棕黄色松散砂层，灰白色砾状砂岩夹紫红色泥岩；上部为浅灰色、灰绿色细砂岩夹紫色泥岩,黑色硬煤与浅灰色粉砂岩。据《河南省区域地质志》,该组地层在开封凹陷内厚度250~915 m;东明断陷内厚度350~1 096 m,底板埋深在兰考县约为2 000 m以下。

2. 明化镇组(Nm)

厚约990 m,按岩性自上而下可分为四段:

(1)棕红、深棕红显紫色泥岩、砂质泥岩及泥质粉岩夹黄白色细粒长石砂岩、粉砂岩,厚约390 m。

(2)褐黄色、微灰绿泥质粉砂岩、灰白色黄色粉细砂岩与紫红、棕红、灰绿砂质灰岩、泥岩互层,厚约150 m。

(3)棕红色泥岩、砂质泥岩、泥质粉砂岩夹棕红色、灰白色、灰绿色粉细砂岩,厚约250 m。

(4)黄褐色、灰白色长石石英细砂岩,灰绿色、黄褐色泥质粉砂岩夹棕红、褐棕色砂质泥岩,厚约200 m。

该组地层是目前研究区地热井的主要开采层。

**(三)第四系(Q)**

1. 下更新统($Qp^1$)

该地层主要是在新近纪末形成的古地形基础上沉积的一套冰水、冲积、洪积及湖相沉积层。其物质主要来源于东部山区,古气候主要受第四纪第一、第二冰期与间冰期所控制。底板埋深一般300~360 m,顶板埋深180~220 m,区内沉积厚度一般为100~180 m。岩性以杂色及棕色黏土、粉质黏土为主,夹有粉细砂、细砂层,具灰绿色网纹,黏土多含铁锰结核及钙质结核,混粒结构明显,砂层中长石风化严重,下层砂层含泥质,分选差。

2. 中更新统($Qp^2$)

本统顶板埋深100~130 m,沉积厚度为50~80 m,由西向东埋深逐渐变浅。岩性自上而下由棕褐色、黄棕色的粉质黏土、粉细砂渐变为棕黄色、棕红色的粉土、中细砂,夹有钙质结核富集层和少量铁锰质结核层,为冲洪积物。

3. 上更新统($Qp^3$)

上更新统埋藏于地表以下,顶板埋深30~60 m,地层沉积厚度一般70~90 m。其物质来源主要是黄河冲积物,上部冲积层为黄灰色、黄褐色粉砂、粉质黏土互层。下部冲洪积层属早期黄河冲积扇堆积物,主要为褐黄色或灰绿色似黄土状粉砂、粉质黏土,夹有1~2层粉砂或中细砂。

4. 全新统(Qh)

兰考县地表出露全部为全新统,底板埋深一般30~50 m,属近代黄河冲积物。上部为黄褐色、灰黄色粉细砂、粉质黏土。下部有1~2层砂层,局部还含有2~3层淤泥层,分布比较稳定,淤泥层含有机质丰富。兰考县城南部和东南部地区分布有微起伏沙丘和平沙地,厚1~8 m,岩性均为细砂或粉砂。根据地表岩性特征将研究区全新统分为三种成因类型(见图2-1):

(1)全新统现代黄河冲积层($Qh^{2al}$)。分布于黄河大堤内侧,现代黄河的漫滩及高漫滩区。现代漫滩相冲积层岩性以粉土为主,夹有薄层粉砂及粉质黏土。高漫滩相冲积层上部岩性为粉土、粉质黏土,厚8~14 m;下部为泥质及淤泥质粉砂,向河床逐步过渡到泥质中砂。

(2)全新统黄河冲积层($Qh^{1al}$)。广泛分布于黄河大堤以外泛流平原上,为黄河泛流冲积物,岩性以灰黄、灰色粉土、粉砂及粉细砂为主,间夹2~3层灰黑色淤泥层。砂层厚度受黄河古河道控制,故道主流带,砂层厚度大,颗粒粗,泛流地带砂层薄而粒度细,一般厚10~30 m。

(3)全新统风积层($Qh^{eol}$)。分布于兰考县城南部、东南部及仪封乡东南部地区,呈微起伏沙丘、沙垄及平沙地形式堆积于地表。厚度1~8 m,岩性为细砂、粉细砂。砂层系黄河泛流改道所携带而来,后期又经风的吹扬就近堆积而成的各种形态的风成地形。

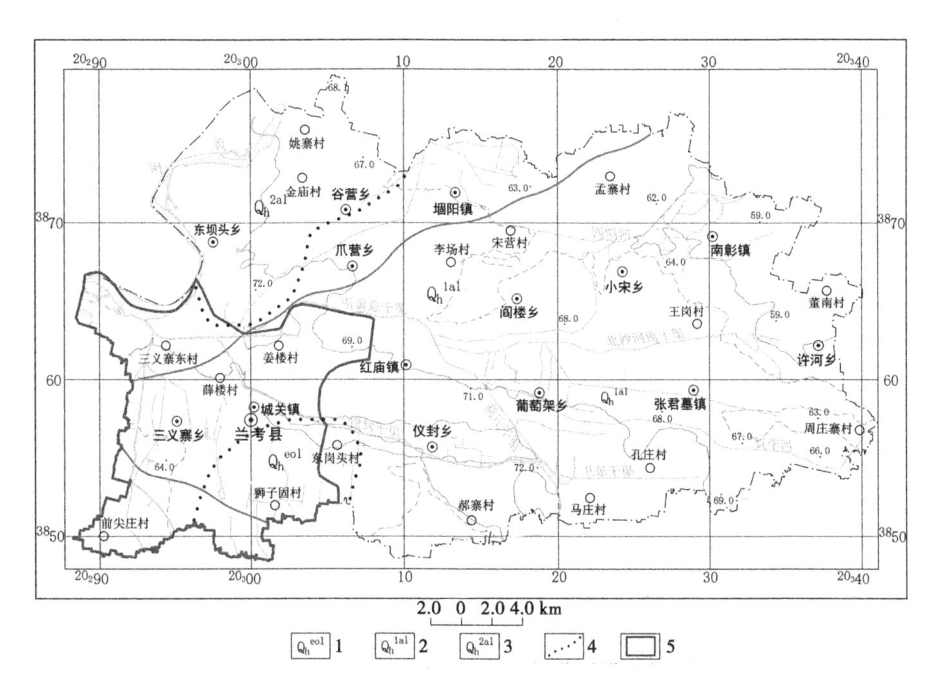


1—全新统黄河冲积层;2—全新统现代黄河冲积层;3—全新统风积层;4—岩性界线;5—工作区范围。

**图2-1　研究区第四系地层**

研究区出露地层主要为第四系全新统属近代黄河冲积物。区内地层变化情况主要根据其形成原因划分,研究区大部分区域出露地层为全新统黄河冲积层($Qh^{1al}$),为黄河泛流冲积物,岩性以灰黄、灰色粉土、粉砂及粉细砂为主,间夹2~3层灰黑色淤泥层,分布范围包括三义寨乡、城关乡北部以及城关镇北部区域;研究区南部出露地层为全新统风积层($Qh^{eol}$),岩性为细砂、粉细砂,分布范围包括城关乡南部以及城关镇南部区域。黄河漫滩区出露地层主要为全新统现代黄河冲积层($Qh^{2al}$),岩性以粉土为主,夹有薄层粉砂及粉质黏土,位于研究区西北部黄河大堤内侧。

## 二、构造与地壳稳定性

### (一)研究区主要断裂

研究区位于华北地台区,以封丘—商丘大断裂(F1)和聊城—兰考深断裂(F2)为界,把区内基底分为黄淮中断坳、华北中断坳与鲁西中台隆三个次一级构造单元(见图2-2)。本区即处于这三个次级构造单元的复合部位,受构造控制沉积了巨厚的新生代地层,新生界底板埋深1 000~5 000 m,基岩地质构造均为隐伏构造,断裂构造发育,主要断裂有北北东向和北东向、北西向及近东西向三组。

北北东向和北东向构造主要有聊城—兰考深断裂,该断裂由山东聊城至河南兰考展布,走向NE23°~32°,倾向NW,倾角40°~70°,南部向西偏转,为正断层,燕山期、喜山期均强烈活动,控制区域现代地貌,时有地震活动。系华北中断坳与鲁西中台隆分界线,控制区域隆起与坳陷及中新生界的沉积和分布,断距900~1 500 m。在其西部华北中断坳内发育多条与之大致平行的小断裂,主要为高角度正断层,在华北中断坳内形成地堑地垒式构造。有些断裂至今仍有活动,表现在断裂切穿了第四系地层,物探人工地震资料证明其存在,并在地貌形态上有所反映。如黄河在本区即受此组断裂——黄河断裂控制,于三义寨由原来的自西向东流作肘状改流,流向东北方向。这在卫片上也反映出一条灰白色亮线,追踪黄河流向。

北西向断裂构造主要为封丘、商丘大断裂,走向300°,倾向SW,是由两条平行断裂组成的,被北东或北北东向断裂切成若干段。自延津的塔铺—封丘—兰考—商丘—夏邑向东南延入安徽,长达250 km,呈北西向延伸,断距800~2 000 m。此断裂对开封凹陷有明显的控制作用,构成凹陷的边缘,区内切割晚古生代二叠纪、中生代侏罗纪等地层。此断裂为多期活动的压扭性断裂并有逆时针旋转的特征,至今仍在活动中。重力、地震及卫星照片均有明显的反映。

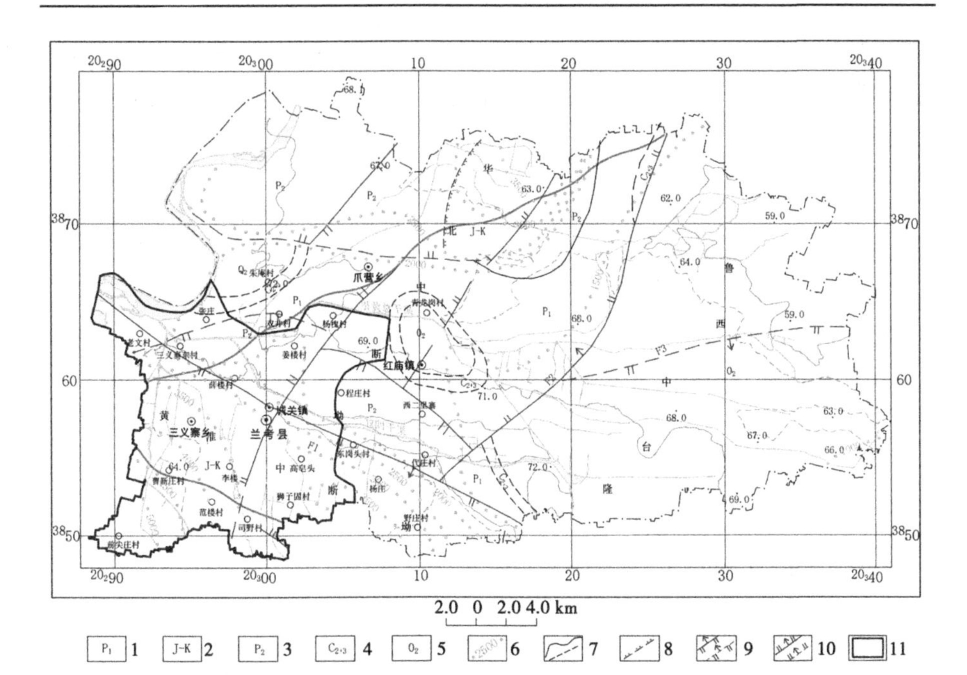

1—二叠系下统；2—侏罗系至白垩系；3—二叠系上统；4—石炭系中上统；5—奥陶系中统；
6—新生界底板埋深等值线(m)；7—实测推测地质界线；8—推测不整合接触地质界线；
9—实测推测逆断层；10—实测推测正断层及物探推测正断层；11—工作区范围。

**图 2-2　基地构造体系**

近东西向断裂主要为山东凫山—龙宝山大断裂(F3)，走向 70°～90°，倾向南，倾角 45°～80°，为正断层。该断裂为原凫山—龙宝山断裂西延入本区，控制古生界—新生界的沉积和分布，对研究区域东西向构造具有一定意义。受基底构造控制，燕山期定型，喜山期继续活动。

**(二)新构造运动**

本区新构造运动比较强烈，具有明显的继承性和差异性。中生代后，燕山运动发展到末期，本区东部凸起、西部凹陷的基底构造格局大体形成，各块段强烈的差异性升降活动已基本结束。古近纪以来，本区继承了前期的构造运动，各块段主要表现为缓慢的差异活动，总的运动趋势以下降为主，但其下降幅度受断块本身运动强度控制。到晚近时期，本区各断块间差异性的沉降活动，依然转变为继承性的整体沉降运动，但区内东西部沉降幅度不同，西部沉降幅度大，东部沉降幅度小，差异性明显。

**(三)地震与地震烈度**

本区地壳活动，不仅显示在沉降的幅度上，而且从新生代以来，地壳的振荡活动也很频繁,区内封丘—商丘大断裂(F1)和聊城—兰考深断裂(F2)等一些大断裂带始终存在着明显的活动迹象。根据2001年出版的《中国地震动峰值加速度区划图》,兰考县地震动峰值加速度为0.1$g$~0.15$g$,地震基本烈度为Ⅶ度。

根据兰考县志记载,区内明、清两代地震频繁。1983年11月7日菏泽5.9级地震波及兰考,地震烈度为Ⅶ度。

2008年1—3月,在封丘与兰考之间接连发生了3次地震,均位于封丘—商丘活动性大断裂带上。2008年1月3日,在封丘与兰考间发生了里氏4.3级地震,3月10日发生了里氏4.8级地震,3月20日又发生了里氏3.2级地震。

## 第二节 水文地质条件

### 一、地下水类型及含水层组划分

兰考县广泛分布新生代新近纪和第四纪松散堆积物。由于各含水层埋藏深度、厚度、形成时代、成因和平面上所处位置不同,使得含水层的岩性、胶结程度、富水性和地下水的化学成分等存在很大差异,由于地下水多赋存于松散层的孔隙中,所以本区地下水的含水类型主要为松散岩类孔隙水。

研究区内第四系松散覆盖层分布广泛,地下水类型均为松散岩类孔隙水,赋存于第四系砂层或砂砾石等含水层中,根据含水层埋深的大小,可将区内含水层组划分为浅层含水层组和中深层含水层组。其特征及分布规律如下。

#### (一)浅层含水层组

浅层地下水是指50 m深度内含水层中的水,属全新统黄河冲积层。上部除黄河故道颗粒较粗外,其他均为粉土、粉土与粉质黏土互层及粉细砂等;下部为中细砂、中粗砂,构成了上细下粗典型的“二元结构”,或粗细相间的“多元结构”。由于黄河的泛滥和改道作用,形成了区内东西方向展布的古河道带。古河道带自兰考县西部东坝头乡黄河转弯处入境,呈宽带状向东、东北延伸,经爪营、闫楼至张君墓,并由东北部孟寨、南彰出境入山东省。据收集区内钻孔资料,古河道带含水层厚度大、颗粒粗,单层厚度一般大于7 m,底板埋深一般在50 m以内。泛流带颗粒也相对较粗,厚度也相对较大,但未形成较集中的河道厚砂层堆积。间带和泛流带的两侧颗粒较细,厚度相对较薄。纵向变化上,从上游至下游,自西南向东、东北埋藏由浅逐渐变深,厚度由薄逐渐变厚,颗粒由粗逐渐变细。横向变化上,由古河道主流带至边缘带、泛流带至间带以及泛流带两侧,厚度由厚逐渐变薄,颗粒由粗逐渐变细。

浅层含水层(组)上覆岩性以粉土为主,局部为粉质黏土及粉砂层,往往呈透镜体或条带状断续分布,构成隔水性能较差的局部隔水顶板。其下伏岩性以粉质黏土为主,局部为粉土,呈条带状,分布较稳定,构成隔水性能良好的隔水底板,使浅层水具有潜水和微承压水性质。

该含水层组埋藏浅,为潜水或微承压水类型,由多层含水层组成,各含水层之间上下均有相对弱透水层隔开。浅层水易于开采,为农业用水主要开采层,井深40~50 m。浅层水水温低于20 ℃。

**(二)中深层承压含水层组**

中深层地下水是指50 m以下至600 m深度内含水层中的水,中深层承压含水层组遍布整个研究区,含水层组顶板埋深50~80 m,含水层岩性主要为粉细砂、中砂。砂层顶底板均有弱透水层隔开,属承压水类型。中深层水是目前城市供水的主要开采层,井深一般在400~600 m,含水层富水性中等。

根据研究区含水层的垂向分布特征、时代、岩性以及地下水水质、实际开采情况等,可将中深层含水层划分为四个层段。

*1.50~100 m层段含水层*

该层段含水层主要为第四系上更新统冲积砂层,含水层较差。研究区西部大部分地区及中北部闫楼、小宋、固阳一带没有含水层,仅在县城以北局部地区有1~2层粉细砂,呈透镜体展布,厚4~8 m。

*2.100~300 m层段含水层*

该层段含水层顶板埋深100~120 m,底板埋深240~300 m,主要为第四系中更新统冲洪积砂层,其顶板埋深102~110 m,有6~7层砂层,单层厚度3~11 m,累计厚度一般40~60 m,岩性上部以粉砂、粉细砂为主,下部以细砂、中细砂为主。

*3.300~500 m层段含水层*

该层段含水层主要为第四系下更新统及新近系上新统上段冰水沉积、冲湖积砂层,顶板埋深290~320 m,底板埋深470~510 m,总体上有自西向东逐渐变深的趋势。含水层分布较稳定,一般有7~11层砂层,局部有13层,单层厚度2.5~23 m,累计厚度一般65~85 m。

*4.500~610 m层段含水层*

该层段含水层主要为新近系上新统河湖相沉积砂层,顶板埋深500~520 m,底板埋深610 m左右,一般有4~6层砂层,单层厚度2~11 m,累计厚度30~40 m,岩性以中细砂和细砂为主,其次为粉细砂。

## 二、含水层组空间分布及其水文地质特征

### (一)浅层地下水

本含水层组是区内地表以下的第一个含水层组,区内浅层地下水主要赋存于全新统的松散堆积物孔隙之中,其含水层的厚度、埋藏及其展布主要受黄河古河道带、间带及其泛流带的控制,埋藏深度一般在 30~50 m,砂层厚度一般 10~25 m。

将区内换算井径 300 mm、降深 5 m 的单井涌水量,根据其涌水量大小的不同,对研究区的浅层地下水进行地下水富水程度分区,可分为富水区、中等富水区和弱富水区。其富水性分述如下(见图 2-3)。

图 2-3　研究区浅层水文地质

1. 富水区(单井涌水量 1 000~3 000 $m^3$/d)

主要分布于研究区南部兰考县城—仪封乡一带及北部东坝头—曹村—李辛庄一带,呈带状自西向东展布,大体与古河道带分布规律相吻合,为黄河冲积主流带。含水层岩性主要为细砂、中细砂,砂层有 2~3 层,单层薄,含水层一般厚 15~25 m,东北部大于 25 m,最厚达 35.2 m。地下水埋深一般 2~6 m,县城北部二水厂至红庙一带埋深 6~8 m,东北部孟寨、小宋一带埋深小于 2 m,单井涌水量 1 014.7~2 080.53 $m^3$/d。

2. 中等富水区(单井涌水量 500~1 000 $m^3$/d)

分布于研究区西部、中部三义寨—红庙一带,一般为古河道边缘带和泛流带。含水层岩性主要为细砂、粉细砂,粉砂次之。上覆粉质黏土、粉土层,断续带状分布,透水性差。下伏黏性土,分布较稳定,隔水性能良好。含水层层数一般为 1~3 层,单层厚度一般 1~8 m,砂层累计厚度一般 10~15 m,东北部东坝头—固阳一带大于 20 m。地下水埋深一般 2~6 m,县城附近埋深 6~8 m,单井涌水量 515.9~886.14 $m^3$/d。

**(二)中深层地下水**

鉴于上述,区内中深层含水层(组)砂层厚度和颗粒粗细的不同,显示了富水性大小也各有差异。由于区内钻孔抽水试验资料所限,未能按各层段含水层(组)分别进行抽水试验,很难对各层段含水层(组)的富水性做出全面的评价。因此,根据本次钻孔抽水试验资料及收集中深层钻孔抽水资料,将区内中深层地下水统一换算成降深 15 m 的单井涌水量,根据其涌水量大小的不同,对研究区的中深层地下水进行地下水富水程度分区,通过分析,研究区富水性均为富水区(见图 2-4)。

由图 2-4 可知,研究区水层层位以下更新统二段为主,含水层集中在 300~500 m 与 500~610 m 这两个层段,研究区以北主要含水层集中在 100~300 m 与 300~500 m 这两个层段;东部地区主要含水层集中在 500~610 m 与 300~500 m 这两个层段,其次为 100~500 m 层段。属埋藏黄河冲积扇的中下部,含水层岩性主要为细砂、中细砂、粉细砂。主要含水层顶板埋深一般 100~120 m,砂层厚度 120~190 m,井出水量 1 000~3 000 $m^3$/d。

## 三、地下水补给、径流、排泄条件

**(一)浅层地下水补给、径流和排泄**

1. 浅层地下水的补给

兰考县城区及郊区浅层水主要靠大气降水入渗和周边侧向径流补给。其

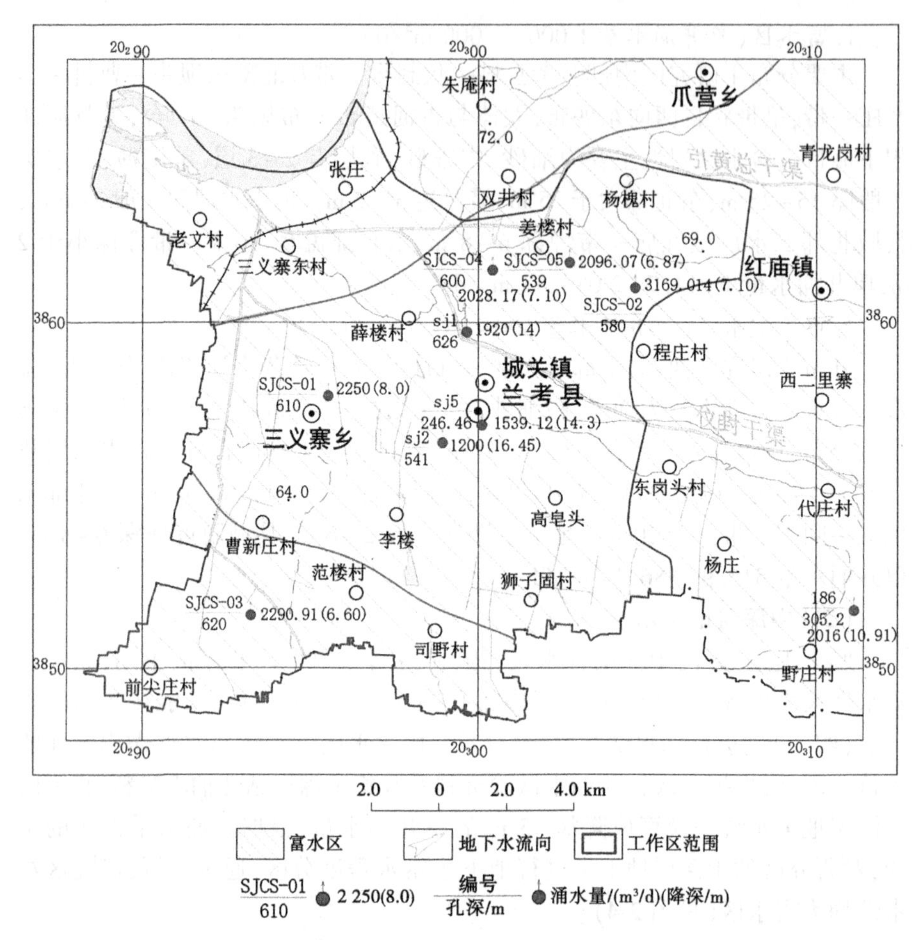

图 2-4　研究区中深层水文地质

次为河渠入渗、湖沟坑塘入渗和农灌回渗补给。近黄河地带主要为黄河侧渗补给和大气降水入渗补给。

1）降水入渗补给

本区浅层地下水的主要补给来源为大气降水入渗补给，大气降水渗入包气带后，在重力作用下，通过包气带岩性的孔隙、裂隙垂向渗入补给地下水，其补给量的大小与降水量、降水强度、包气带岩性与结构、地形条件、地下水埋深、土壤含水量、地表径流状况及植被密集程度等因素有关。一般情况下，降水入渗补给量随着降水量的增加而增大，随地下水埋深增大而减少；包气带岩性越粗、地形越平坦、地表径流越迟缓、土壤含水量越少、植被越密集，则补给量越大，反之则越小。

研究区属开阔的冲积平原,地形平坦,地面坡降1/5 000~1/10 000,地表径流迟缓。根据本次调查,研究区内丰水年东北部及西南部地区埋深小于2 m,县城以东至仪封土山一带埋深4~6 m,其余大部分地区埋深2~4 m。平水年大部分地区地下水埋深为2~4 m,小宋至孟寨以东地区小于2 m,三义寨—县城—仪封一带及爪营、固阳等地为4~6 m,兰考县城北部二水厂至红庙一带埋深6~8 m。全区大部分地区埋深为4~10 m,正常年份区内地下水埋深较浅,且包气带岩性绝大部分为结构松散的粉土、粉砂、粉质黏土,有利于大气降水入渗补给。根据调查访问,特别是在降水量最大的7月、8月、9月3个月,地下水位显著上升,说明了大气降水是本区浅层地下水的主要补给来源。

2)灌溉回渗补给

研究区为农业区,水利化程度较高,现有耕地面积6 577.4 $hm^2$。区内仪封干渠、商丘干渠、引黄总干渠、兰东干渠及许河干渠等渠道纵横,当引黄灌溉时,渠水灌溉回渗补给浅层地下水。同时,区内大面积的农田亦采用井灌,其灌溉回渗对浅层地下水的补给也是不可忽视的水源。区内包气带岩性以粉土及粉砂为主,有利于灌溉的回渗,灌溉回渗系数一般20%左右。

3)地表水侧渗补给

研究区西邻黄河,并从西北角通过,流长25 km。由于高悬于地上而闻名,是我国最大的地上河。黄河水位高出两侧高漫滩地下水位3~5 m,它居高临下,不断地补给两侧地下水,从而也补给了本区西北黄河沿岸一带浅层地下水,为浅层地下水的重要补给来源。本区其他河流如黄蔡河、四明河、贺李河等,只在丰水期才补给地下水,故其补给量不大。

2. 浅层地下水的径流

本区浅层地下水的径流主要受地形和补给源的影响较为明显。本区地处黄河下游微起伏泛流平原区,地形平坦。浅层地下水天然条件下总流向自西向东,径流迟缓。但由于各处地形与岩性的影响,径流条件也各有差异,西部上游一带,地势较高,含水层颗粒略粗,水力坡度为1/1 000~1/2 000,径流条件较好;东部下游一带,地势较低,含水层颗粒略细,水力坡度则为1/5 000~1/7 000,径流条件较差(见图2-5)。

在兰考县城东北至红庙一带,由于中原油田大量开采浅层地下水,改变了天然流场状态,形成水位降落漏斗,漏斗中心地下水埋深在12.45 m左右,水位标高为58.55 m,由漏斗周边向中心水力坡度变大,径流明显。总之,本区浅层地下水因受地形与岩性因素的影响,水力坡度一般较小,水平径流滞缓。

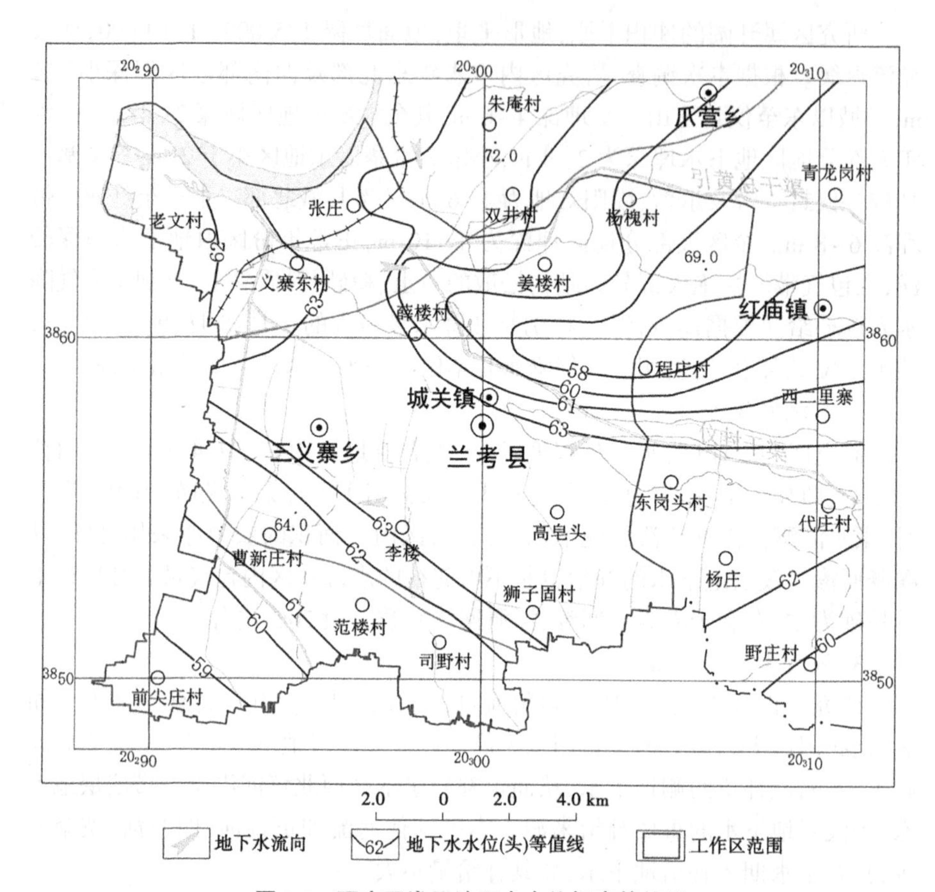


图 2-5 研究区浅层地下水水位标高等值线

3. 浅层地下水的排泄

研究区浅层地下水主要排泄方式为人工开采利用。生产和生活用水、郊区农业灌溉及农村生活用水主要以开采浅层地下水为目标层。

**(二)中深层地下水的补给、径流和排泄**

研究区内的中深层地下水在天然条件下主要接受侧向径流补给。由于各含水层间存在相对厚度较大的隔水层阻隔,越流补给作用十分微弱。由于一些地区浅层水和中深层地下水的混合开采,改变了局部地区中深层地下水的补给条件。

研究区内由于局部地区中深层地下水的集中开采,已形成中深层地下水降落漏斗,周边中深层地下水均向漏斗中心径流。漏斗中心的水力坡度为0.01~0.012,周边地区水力坡度为0.008 2~0.008 9。

研究区内中深层承压水的主要排泄方式为人工开采利用。由于经过长期开采出现过度集中、过量开采时段，已形成中深层地下水位降落漏斗，周边中深层地下水向漏斗中心汇流（见图 2-6）。

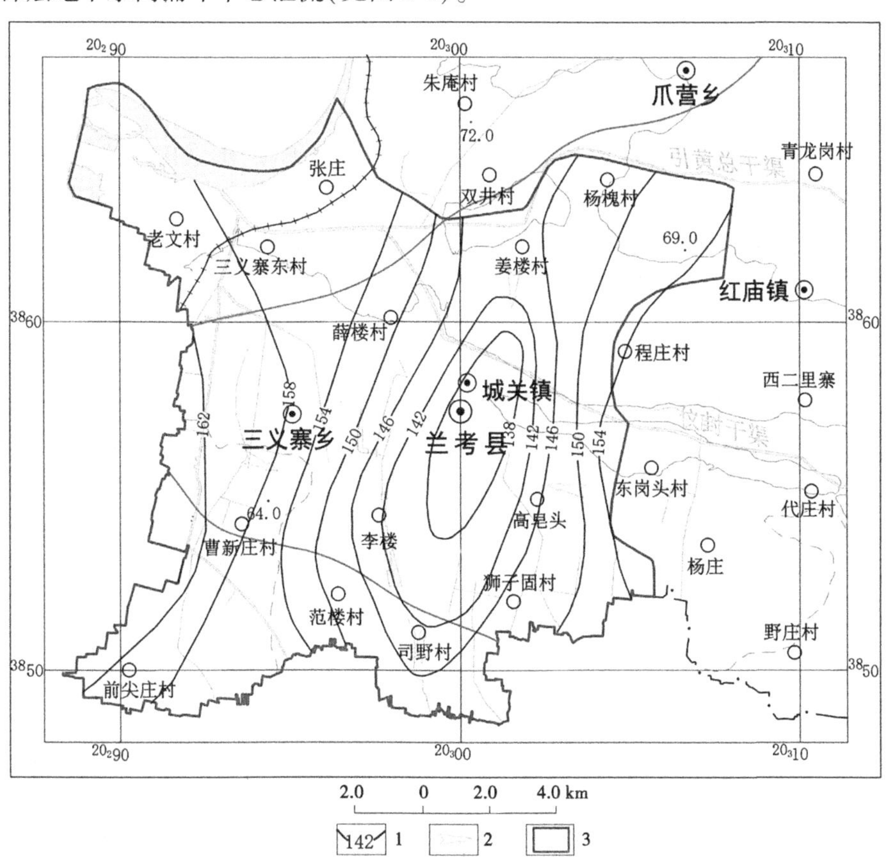


1—中深层地下水水位等值线；2—地下水流向；3—工作区范围。

**图 2-6　研究区中深层地下水水位标高等值线**

## （三）地下水动态特征

研究区不同水文地质条件造成各区的地下水具有不同的赋存状态及不同的补给、径流、排泄条件，最后集中表现在具有不同的地下水动态类型。影响地下水动态类型的主要因素有大气降水、地表水体和人工开采。研究区的地下水动态类型主要有气象型和开采型两种类型。

### 1. 气象型

主要分布在市区东部的冲洪积平原区，降水是浅层地下水的主要补给来源，其接受降水补给水量主要取决于包气带岩性、裂隙发育程度、降雨持续时间等。地下水埋深较小，透水较好，地下水位随降雨变化明显。由于近年来人工开采力度增大，该区地下水动态类型存在由气象型向气象-开采型转变的趋势。

2. 开采型

在地下水的集中开采区，人工开采成为地下水的主要排泄方式。兰考县水厂生活供水井开采地下水引起大面积地下水位下降，形成区域降落漏斗。降落漏斗以市区为中心，漏斗面积年平均达 26.70 $km^2$，至 2015 年枯水期漏斗面积达 28.26 $km^2$，漏斗中心地下水埋深达 82.56 m。中深层地下水动态主要受开采影响大，水位变化明显滞后于大气降水量变化。

## 四、地下水水化学特征

根据本次水质分析资料及收集历史时期水质资料，对研究区地下水水化学特征进行阐述。区内地下水一般无色、无味、无臭、透明，浅层水温 9～14 ℃，中深层水温 12～17 ℃，pH 值 7.12～8.39。地下水水化学类型及分布受地貌、岩性、地下水径流条件及人为因素的影响。按舒卡列夫分类原则，对地下水的水化学类型进行划分。现将浅层和中深层地下水的水化学特征和分布规律分述如下。

### （一）浅层地下水

研究区浅层地下水的水化学类型可归并为主要的 6 种，即 $HCO_3$-Ca · Na 型、$HCO_3$-Na · Mg 型、$HCO_3$-Ca · Na · Mg 型、$HCO_3$ · Cl-Na 型、$HCO_3$ · Cl-Na · Mg 型、$HCO_3$ · Cl-Ca · Mg · Na 型水和 $HCO_3$ · $SO_4$-Na · Mg 型水（见图 2-7）。

$HCO_3$-Ca · Na 型（Ⅰ）：全研究区内大部分地区为该种类型水，集中分布于三义寨大部分区域及兰考县城的广大区域内。面积约 172.62 $km^2$，占全区面积的 82.20%。该区主要为黄河故道区、引黄灌溉区以及近黄河地带，溶解性总固体一般小于 1 000 mg/L，总硬度一般小于 550 mg/L。

$HCO_3$-Na · Mg 型（Ⅱ）：主要分布于三义寨乡孟西村至范楼村一带，面积约 8.04 $km^2$，占全区面积的 3.83%。溶解性总固体一般小于 1 000 mg/L，总硬度一般小于 550 mg/L。

$HCO_3$ · Cl-Na · Ca · Mg 型（Ⅲ）：呈零星斑块状分布于县城南部古寨村一带，面积的 0.36 $km^2$，占全区面积的 0.17%。溶解性总固体一般小于 1 000 mg/L，总硬度一般大于 550 mg/L。

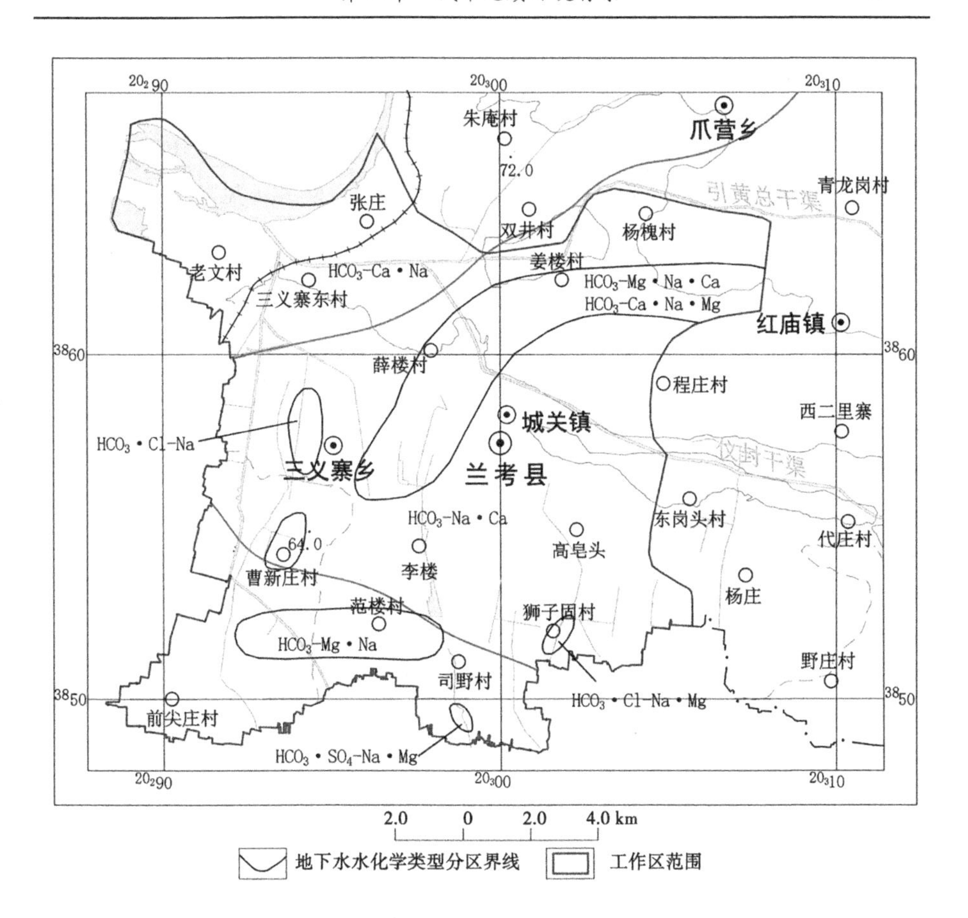


图 2-7　研究区浅层地下水水化学类型

$HCO_3 \cdot Cl$-Na 型(Ⅳ):主要零星分布于研究区三义寨侯寨村一带,面积约 1.96 $km^2$,占全区面积的 0.93%。该区主要为背河洼地区,溶解性总固体一般 500~1 000 mg/L,总硬度一般 650~1 000 mg/L。

$HCO_3 \cdot Cl$-Na · Mg 型(Ⅴ):分布于兰考县城关镇狮子固一带,呈零星块状分布,面积约 0.62 $km^2$,占全区面积的 0.30%。该区主要为泛流带及间带,溶解性总固体一般 1 000~1 500 mg/L,总硬度一般 550~1 000 mg/L。

$HCO_3$-Ca · Mg · Na 型(Ⅵ):呈条带状分布于城关镇邓曼至盆窑村一带,面积约 25.07 $km^2$,占全区面积的 11.94%。该区为原来黄河故道区,溶解性总固体一般小于 1 000 mg/L,总硬度一般 800~1 000 mg/L。

$HCO_3 \cdot SO_4$-Na · Mg 型水(Ⅶ):呈块状分布于三义寨曹新庄村一带,面积约 1.37 $km^2$,占全区面积的 0.65%。该区为原来背河洼地,溶解性总固体一般 1 500~2 000 mg/L,总硬度一般 800~1 000 mg/L。

**(二)中深层地下水**

研究区中深层地下水的水化学类型可归并为主要的 3 种,即 $HCO_3 \cdot Cl$-Na 型、$HCO_3$-Mg · Ca 型和 $HCO_3 \cdot Cl \cdot SO_4$-Na 型水(见图 2-8)。其中 $HCO_3 \cdot Cl$-Na 型水分布于研究区绝大部分区域,仅在孟东村局部区域分布有少量 $HCO_3$-Mg · Ca 型水,在司野村局部区域分布有少量 $HCO_3 \cdot Cl \cdot SO_4$-Na 型水。

图 2-8　研究区中深层地下水水化学类型

## 五、地下水资源开发利用现状

兰考县 2016 年平均降水量 546.0 mm,比 2015 年 665.7 mm 减少 18.0%,比多年均值 662.7 mm 减少 17.6%,属偏枯水年。地表水资源量 0.62 亿 $m^3$,折合径流深 45.4 mm,比 2015 年 0.86 亿 $m^3$ 减少 27.9%,比多年均值(1956—

2015 年系列)0.96 亿 $m^3$ 减少 35.4%。地下水资源量 1.36 亿 $m^3$,扣除地表水与地下水之间的重复计算量 0.109 亿 $m^3$,全县水资源总量为 1.871 亿 $m^3$,比 2015 年 2.897 亿 $m^3$ 减少 1.026 亿 $m^3$,减少 35.4%;比多年均值 3.18 亿 $m^3$ 减少 1.309 亿 $m^3$,减少 41.2%。全县浅层地下水埋深与上年同期相比,呈下降趋势的井显著增多(以下降 0.5 m 为界线),呈上升趋势的井仅有 5 眼(以上升 0.5 m 为界线)。其中上升井占 31.25%,稳定井占 25.0%,下降井占 43.75%。全县地下水埋深最大变幅为-3.25 m(兰考 5#),最小变幅为-0.05 m(兰考 27#)。地下水蓄变量-0.051 亿 $m^3$。

兰考县城公共用水量 0.004 0 亿 $m^3$,占总用水量的 0.22%;生态环境用水量 0.004 8 亿 $m^3$,占总用水量的 0.27%。

兰考县城人均年生活用水量 26.2 $m^3$,折合每人每日 72 L;农田灌溉亩均用水量 131 $m^3$;万元 GDP(当年价)用水量 77.3 $m^3$,万元工业增加值(当年价)不含火电为 37 $m^3$;全县用水消耗量 0.983 5 亿 $m^3$,占总用水量的 54.5%。

## 第三节　工程地质条件

### 一、工程地质分区及特征

调查区地处黄河冲积平原区,其总体地貌为冲积平原,地貌形态相对较为简单。受控于黄河“地上悬河”的特点,从西向东其地貌类型分别为黄河漫滩和倾斜平原区两种(见图 2-9)。

根据目前掌握的有限资料,工程地质分区时首先依据自然因素(例如:地形地貌、土体的工程性质等)成因进行分区的,而后再考虑人为因素综合成因。

依据以上分区原则,将调查区划分为两个工程地质区和两个亚区,各区特征分述如下。

#### (一)黄河漫滩工程地质区(Ⅰ)

黄河漫滩工程地质区(Ⅰ)主要分布于黄河大堤内,其岩性特征上部以黄河冲积的粉土、粉质黏土、粉细砂为主,下部以粉细砂为主。

受黄河及人为因素的控制,在黄河大堤以内,沉积了一套以黏性土和砂类土为主的河滩相地层,该套地层以呈松散—稍密状态的粉土、粉砂和软塑—可塑的粉质黏土为主。地基土承载力 80~160 kPa,压缩模量为 3~20 MPa,地下水埋深较浅,一般小于 3 m,饱和砂土和饱和粉土在Ⅶ度抗震设防烈度下为液

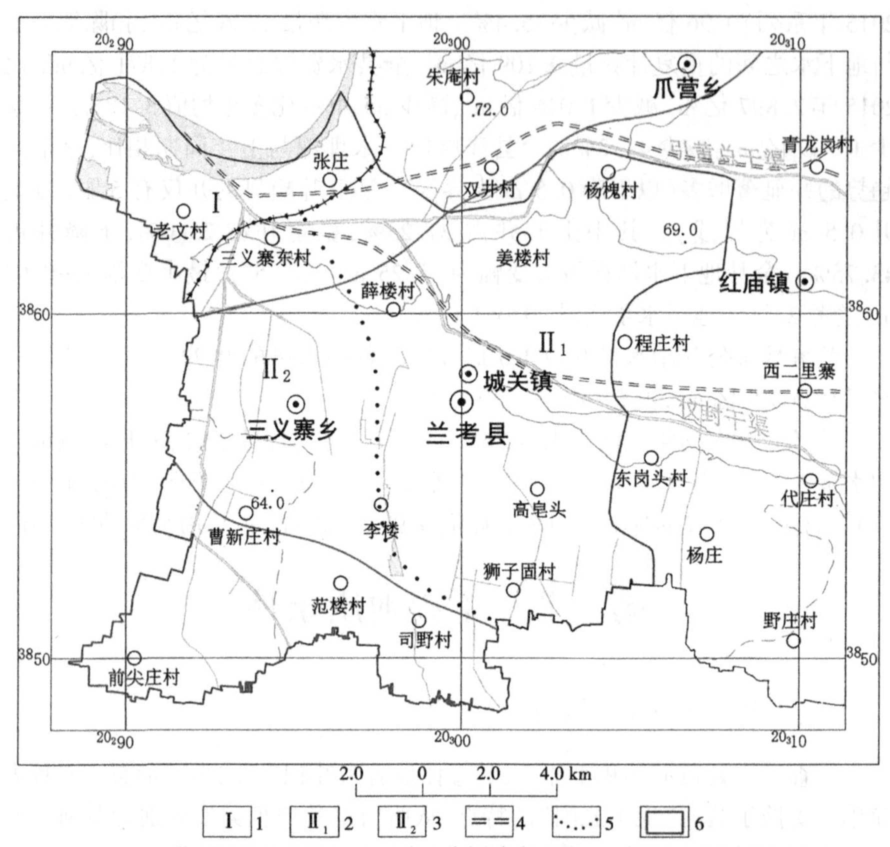


图 2-9　工程地质分区

化土，属中等液化等级。同时，黄河的自身特点决定了大堤之内不宜进行工程建设，因此将其专列成单独的工程地质区。该区内地面平坦，地面标高 71～75 m，地势南高北低、西高东低，受黄河来水条件的控制，部分年份的部分时段，河水淹没漫滩区。

该区的特殊位置决定了不能作为主要的工程建设地段，除法律法规允许及必须建设的相关设施外，不宜进行工程建设。

**（二）倾斜平原工程地质区（Ⅱ）**

倾斜平原工程地质区（Ⅱ）主要分布于黄河大堤外侧的广大地区，地面平坦，地面标高 64～73 m，地势呈西高东低、北高南低。根据区内建设层内有无软土，将其划分为两个亚区，分述如下。

1. 无软土分布亚区（Ⅱ$_1$）

无软土分布亚区主要分布于范楼村—五里铺—薛楼村—蔡楼村—新庄户以东地区，地面标高66~73 m，地势呈西高东低、北高南低。20 m以浅地层结构由粉土、粉质黏土和粉细砂组成，地基土承载力标准值110~200 kPa，适宜于多层建筑物的建设，高层及荷重较大建（构）筑物应配合相关的处理措施。20 m以下地层结构由粉质黏土和厚层的粉细砂组成，地基土承载力标准值180~300 kPa，适宜作为高层及荷重较大建（构）筑物的桩端持力层。

2. 有软土分布亚区（Ⅱ$_2$）

有软土分布亚区主要分布于范楼村—五里铺—薛楼村—蔡楼村—新庄户以西地区，地面标高64~73 m，地势呈西高东低、北高南低。其工程性质主要受软土控制，软土沉积结构为单层结构，顶板埋深3.7~12.3 m、底板埋深6.8~18.3 m不等，沉积厚度1.7~8.0 m不等，多为淤泥质土，土体含水量一般为35%~40%，孔隙比大于1。地基土承载力为80~140 kPa。较适宜作一般建筑，作为高层及荷重较大建（构）筑物时，需要对软土层进行换填处理，以便于达到桩端持力层的要求。

## 二、工程地质组层的划分及其工程地质特征

根据目前掌握的资料及工程建设层内垂向土体的成因、岩性、物理力学特征，对调查区倾斜平原地区（Ⅱ）进行工程地质层的划分，50 m深度内，共划分3个工程地质组、9个工程地质层和10个工程地质亚层。

### （一）第一工程地质组

第一工程地质组为人工填土，主要包括素填土、杂填土和耕植土，素填土和杂填土主要分布于县城、村庄等人类建设区域，素填土主要为回填的含少量杂质粉土、粉砂等，杂填土以建筑垃圾和生活垃圾为主。耕植土主要分布于城市、村庄周边的耕地的表层，主要为受长期耕作扰动的粉土。人工填土主要分布于表层，工程性质极差，且其分布极不均匀、厚度不等，不宜作为地基持力层。

第①层：人工填土，杂色，局部含建筑垃圾和生活垃圾，以粉土和粉砂为主，厚度0~2.0 m，工程性质较差，不适宜作天然地基持力层，工程建设中应清除或进行处理。

### （二）第二工程地质组

第二工程地质组主要指分布于厚层粉细砂之上，由粉土、粉质黏土、淤泥质粉质黏土和粉细砂组成的一套地层，主要包括②、③、③1、④、⑤、⑤1、⑤2、

⑤3、⑥、⑥1、⑥2、⑥3 层。其时代成因为第四系全新统冲积($Qh^{al}$)。

第②层:粉砂,褐黄色,稍密,稍湿—饱和。分选性一般,以石英、长石、云母为主。该层主要分布于地表,分布不稳定,层底埋深 1. 8~7. 5 m,厚度 1. 3~6. 2 m。地基土承载力特征值为 100~115 kPa。

第③层:粉土,褐黄色,稍湿—饱和,松散—稍密,偶见锈黄斑,稍有砂感,局部有粉黏团块,摇振反应中等。层底埋深 2. 1~10. 3 m,层厚 1. 4~10. 3 m。地基土承载力特征值为 80~100 kPa。

第③1 层:粉质黏土,灰色,软塑—可塑,偶见锈黄斑,韧性中等。层底埋深 3. 5~10. 1 m,层厚 0. 8~7. 3 m。地基土承载力特征值为 85~100 kPa。

第④层:粉砂,褐黄色、灰黄色,饱和,稍密—中密,以石英、长石、云母为主,砂质纯净,分选性一般,局部夹薄层粉土。层底埋深 10. 4~18. 9 m,层厚 1. 3~15. 4 m。地基土承载力特征值为 150~160 kPa。

第⑤层:粉土,灰黄色、黄褐色,饱和,稍密—中密,偶见锈黄色斑块,稍有砂感,摇振反应中等。层底埋深 9. 2~22. 0 m,层厚 3. 2~6. 10 m。地基土承载力特征值为 120~140 kPa。

第⑤1 层:淤泥质粉质黏土,灰色、灰褐色,软塑—可塑,偶见锈黄色斑块,切面光滑,韧性中等,局部含粉土薄层。层底埋深 6. 5~18. 3 m,层厚 1. 7~8. 0 m。地基土承载力特征值为 80~140 kPa。

第⑤2 层:粉质黏土,灰褐色,可塑,切面光滑,韧性中等,局部含粉土薄层。层底埋深 8. 5~16. 2 m,层厚 0. 7~1. 9 m。地基土承载力特征值为 120~140 kPa。该层呈透镜体分布。

第⑤3 层:粉砂,褐黄色,饱和,中密,以石英、长石、云母为主,分选性一般。层底埋深 10. 5~21. 5 m,层厚 1. 6~3. 5 m。地基土承载力特征值为 160~180 kPa。

第⑥层:粉质黏土,褐黄色—灰褐色,可塑,切面可见灰色斑,偶见黑色铁锰质斑点,韧性中等,局部夹少许粉土薄层。层底埋深 13. 3~29. 8 m,层厚 0. 9~10. 9 m。地基土承载力特征值为 130~140 kPa。

第⑥1 层:粉土,褐黄色,饱和,中密,含锈黄色斑块,局部有砂感,摇振反应中等。层底埋深 14. 0~25. 7 m,层厚 1. 5~6. 5 m。地基土承载力特征值为 140~150 kPa。

第⑥2 层:粉砂,灰黄色,饱和,中密,以石英、长石、云母为主,分选性一般。层底埋深 21. 8~26. 4 m,层厚 2. 6~4. 9 m。地基土承载力特征值为 180~200 kPa。该层呈透镜体分布。

第⑥3层:粉土,褐黄色,饱和,中密,含锈黄色和灰色斑块,摇振反应中等。层底埋深24.7~30.0 m,层厚1.7~2.9 m。地基土承载力特征值为150~160 kPa。该层呈透镜体分布。

**(三)第三工程地质组**

第三工程地质组主要指下部的粉质黏土、粉土和厚层细砂,相比其他组,其工程性质相对较好。主要包括⑦、⑦1、⑧、⑧1、⑨、⑨1层。其时代成因为第四系上更新统冲积($Q_{al}^{3}$)。

第⑦层:细砂,褐黄色,饱和,中密,含蜗牛碎片,以石英、长石、云母为主,分选性一般,砂质纯净。层底埋深22.3~43.0 m,层厚8.0~19.0 m。地基土承载力特征值为240~260 kPa。

第⑦1层:粉质黏土,青灰,可塑,切面光滑,偶见蜗牛壳碎片,韧性中等。层底埋深24.4 m,层厚2.1 m左右。地基土承载力特征值为180 kPa。该层呈透镜体分布。

第⑧层:粉质黏土,灰黄,硬塑,切面光滑,可见锈黄斑,偶见灰色斑,韧性中等。层底埋深32.8~45.3 m,层厚0.9~4.7 m。地基土承载力特征值为180~190 kPa。

第⑧1层:粉土,灰黄色,饱和,中密。含锈黄色斑块,偶有砂感,摇振反应中等。层底埋深39.0~44.3 m,层厚0.8~4.6 m。地基土承载力特征值为180~190 kPa。

第⑨层:细砂,灰黄色,饱和,密实,砂质纯净,以石英、长石、云母为主,分选性良好。层底埋深50.0 m,揭露层厚4.7~17.2 m。地基土承载力特征值为280~300 kPa。

第⑨1层:粉土,灰黄色,中密—密实,偶见锈黄斑及钙核。层底埋深48.7 m,层厚3.5 m。地基土承载力特征值为200 kPa。该层呈透镜体分布。

# 第二篇　城市地质资源

## 第三章　地下水资源评价及后备地下水水源地规划

### 第一节　地下水资源评价方法及参数的确定

本次计算采用水均衡模型。通过典型年均衡来计算地下水资源，典型年按 1990—2015 年多年平均。

一、评价原则

地下水资源计算按地质构造、地貌、含水层及包气带岩性等条件的差异，选取不同的参数划分块段计算。各行政单位的地下水资源量，按各行政单位所占各地下水系统、水文地质条件相似地区的面积比例计算。计算及评价范围为兰考县规划区，面积 210 $km^2$。评价深度：浅层水 0～50 m，中深层水 50～610 m，进行分层评价。

本次地下水资源评价采用近年资料，降水量选取 1990—2015 年长系列资料，其他如地下水位、开采量、灌溉面积、灌溉用水量等都利用 2015 年新资料。主要水文地质参数参考老的资料，并结合近期的新资料分析研究确定。

**（一）地下水补给资源计算评价原则**

地下水补给资源是指在天然条件下或人为开采条件下，单位时间内通过各种途径进入地下水系统的水量。主要包括降水入渗补给量、灌溉回渗补给量、侧向径流补给量、相邻含水层越流补给量。

**（二）地下水储存资源计算与评价原则**

地下水储存资源是指储存于含水层系统水位（或水头）变动带以下的重力水体积，包括含水层容积储存量和承压含水层的弹性储存量。浅层地下水储存量以浅层含水层底板为底界,多年平均水位埋深为顶界,计算含水层、弱含水层的储存量。

**(三)地下水开采资源计算评价原则**

区域地下水开采资源是指在经济上合理、技术上可能、环境条件允许的情况下,能够获取的最大补给资源。浅层地下水开采资源量按开采条件的各项补给量与消耗量差确定。

## 二、评价范围及评价区划分

评价范围为兰考县城市规划区,面积 210 $km^2$。根据评价区的水文地质条件和兰考县供水规划,将全区划分为 5 个评价区。各区位置参数见图 3-1 和表 3-1。

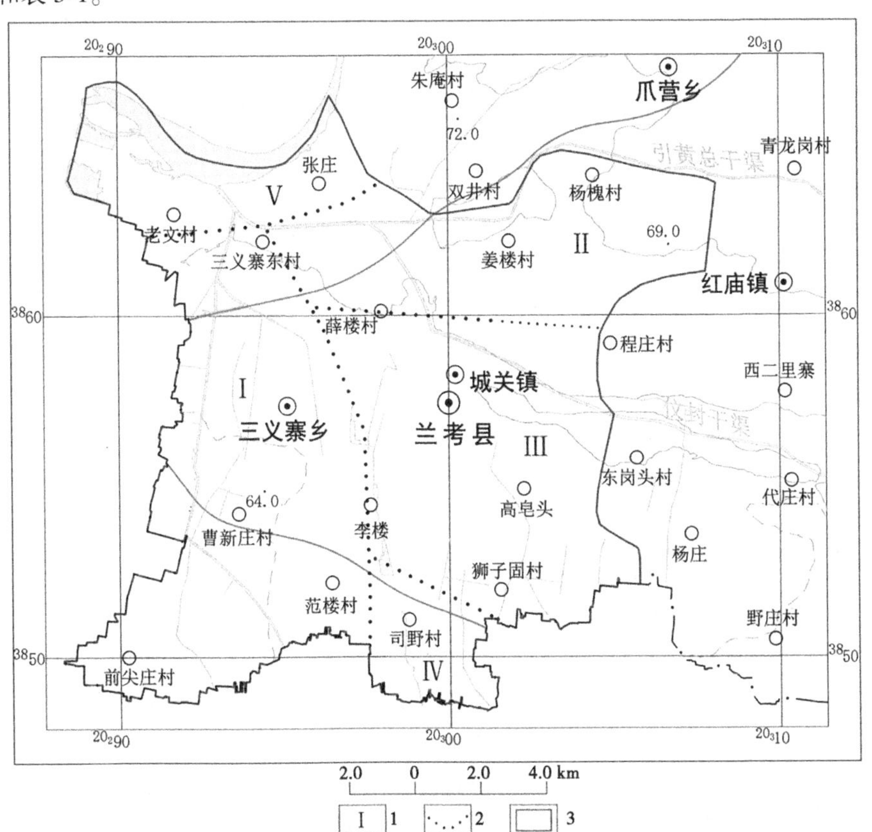


1—均衡分区代号;2—均衡分区界线; 3—工作区范围。

图 3-1 研究范围及均衡分区

表 3-1 均衡分区说明

| 分区代号 | 区名 | 面积/km$^2$ | 包气带岩性 |
| --- | --- | --- | --- |
| Ⅰ | 西部郊区 | 74.76 | 粉砂、粉土 |
| Ⅱ | 北部郊区 | 45.90 | 粉砂、粉土 |
| Ⅲ | 城中区 | 62.83 | 粉砂、粉土 |
| Ⅳ | 南部郊区 | 11.98 | 粉砂、粉土 |
| Ⅴ | 北部沿黄区 | 14.53 | 粉砂、细砂 |
| 合计 | | 210 | |

## 三、参数的确定

参与地下水资源计算的水文及水文地质参数主要有大气降水入渗补给系数、潜水蒸发强度、重力给水度、弹性释水系数、含水层渗透系数、农田灌溉回渗系数、引黄渠道渗漏强度、弱含水层垂直渗透系数。各种参数根据以往资料结合本次工作成果选取。

### (一)给水度 $\mu$

根据河南省开封地区东部农田供水水文地质勘查、河南省兰考县新水厂薛楼水源地地下水供水水文地质详查报告、开封东北郊袁坊—刘店滩区供水水文地质勘查、河南省兰考县原生劣质水区饮用地下水勘查成果,并参考商丘地区、开封地区及郑州区域地质系列图说明书,确定兰考县区浅层地下水水位变动带各松散土层的给水度,见表 3-2。

表 3-2 兰考县浅层地下水水位变动带给水度

| 岩性 | 粉细砂 | 粉土 | 粉质黏土 |
| --- | --- | --- | --- |
| 给水度 $\mu$ | 0.06 | 0.05 | 0.04 |

### (二)降水入渗系数 $\alpha$

降水入渗补给是浅层地下水的主要补给来源,降水入渗系数的影响因素较多,包括降雨情况、地表情况、土壤的入渗性能、潜水埋深等。根据河南省开封地区东部农田供水水文地质勘查、河南省兰考县新水厂薛楼水源地地下水供水水文地质详查报告、开封东北郊袁坊—刘店滩区供水水文地质勘查、河南省兰考县原生劣质水区饮用地下水勘查成果,综合考虑地表岩性,各时段降水及地下水埋藏条件等,资源评价中,不同地表岩性、不同埋深的降水入渗系数取值见表 3-3。

**表 3-3　不同岩性、不同埋深降水入渗系数值**

| 埋深/m | 粉细砂 | 粉土 |
| --- | --- | --- |
| <3 | 0.40 | 0.35 |
| 3~5 | 0.30 | 0.21 |
| >5 | 0.25 | 0.20 |

### (三)蒸发极限深度及蒸发强度 $\varepsilon$

浅层地下水的蒸发强度与埋深、包气带岩性、土壤含水量及湿度、温度、风力等气象条件有关。随着地下水埋深的增大,蒸发强度逐渐减弱,当地下水水位降到一定深度后,结合各区包气带岩性及浅层地下水埋深状况,确定各区所采用的降水入渗系数值。可认为没有蒸发,参考省环境地质监测总站郑州均衡场及其他地区资料,确定兰考县浅层地下水蒸发强度取 32 mm/a,粉细砂蒸发极限深度为 3 m;粉土、粉质黏土蒸发极限深度为 5 m。依据浅层地下水埋深及各区包气带岩性所确定的蒸发强度。

### (四)灌溉回渗系数 $\beta$

本区属黄泛平原地区,水利化程度高,有 4 条引黄灌渠,地下水埋藏较浅,包气带岩性多为粉土,灌溉回渗也是地下水重要的补给来源。根据《郑州市北郊水源地供水水文地质勘探报告》,灌水期间,观测井水位变化资料来计算 $\beta$ 值,且黄河水位变化较小,对区域地下水水位无大影响,又无大气降水入渗补给,可以认为,地下水水位的抬升,均是由灌溉回渗引起的,各观测孔计算结果见表 3-4。

**表 3-4　灌溉回渗系数计算**

| 井号 | 包气带岩性 | 水位变动带给水度 $\mu$ | 灌溉水量/($m^3$/亩) | 水位升幅/m | 灌溉回渗系数 |
| --- | --- | --- | --- | --- | --- |
| BG26 | 粉土 | 0.05 | | 0.46 | 0.13 |
| BG27 | 粉土 | 0.05 | | 1.02 | 0.28 |
| BG29 | 粉土 | 0.05 | | 0.68 | 0.19 |
| BG36 | 粉土 | 0.05 | 120 | 0.51 | 0.14 |
| BG38 | 粉土 | 0.05 | | 0.83 | 0.23 |
| BG39 | 粉土 | 0.05 | | 0.85 | 0.24 |
| 平均 | 粉土 | 0.05 | | 0.725 | 0.20 |

据 1999 年完成的《黄河冲积平原灌溉回渗系数研究》成果,渠灌溉取 0.20,井水灌溉取 0.10。

根据以上成果,确定灌溉回渗系数,渠灌溉取0.20,井水灌溉取0.10。

### (五)浅层含水层渗透系数 $K$、导水系数 $T$

根据本次调查进行的7组抽水试验资料,经分析整理,确定了浅层含水层的平均渗透系数和厚度,并求得了导水系数,见表3-5。

**表3-5 研究区浅层地下水非稳定流抽水试验参数一览表**

| 编号 | 位置 | 井深/m | 降深/m | 涌水量/($m^3$/h) | 静水位/m | 岩性 | 含水层厚度/m | $T$/($m^2$/d) | $K$/(m/d) |
|---|---|---|---|---|---|---|---|---|---|
| QJCS-01 | 兰考县高场村东300 m | 40 | 4.95 | 42.42 | 9.56 | 14.51 | 中细砂 | 205.95 | 8.62 |
| QJCS-02 | 兰考县司野村东80 m | 40 | 8.76 | 25.68 | 5.98 | 14.74 | 中细砂 | 136.73 | 5.70 |
| QJCS-03 | 兰考县鲁屯村北200 m | 40 | 5.06 | 42.49 | 9.21 | 14.27 | 中细砂 | 212.64 | 10.96 |
| QJCS-04 | 兰考县三义寨新庄户村 | 45 | 5.23 | 43.02 | 9.02 | 14.25 | 中细砂 | 215.22 | 10.71 |
| QJCS-05 | 兰考县三义寨管寨村 | 40 | 5.27 | 47.44 | 5.30 | 10.57 | 中细砂 | 235.13 | 10.89 |
| QJCS-06 | 兰考县三义寨孟庄孟东村东北400 m | 40 | 7.27 | 33.01 | 5.12 | 12.39 | 中细砂 | 191.50 | 10.35 |
| QJCS-07 | 兰考县城关乡兰仪线北 | 40 | 8.90 | 23.60 | 6.30 | 15.20 | 中细砂 | 137.70 | 7.87 |

### (六)深层含水层水文地质参数

根据开封市供水水文地质勘查、河南省开封市2000年地下水资源及环境地质问题预测、开封东北郊袁坊—刘店滩区供水水文地质勘查等成果,经分析整理,确定了中深层含水层的平均渗透系数和厚度、导水系数、弹性释水系数、越流系数等(见表3-6)。

**表3-6 中深层地下水非稳定流抽水试验参数一览表**

| 钻孔编号 | 钻孔位置 | 抽水孔深/m | 抽水含水层 | | $T$/($m^2$/d) | $K$/(m/d) | $K_z$/$m$ |
|---|---|---|---|---|---|---|---|
| | | | 顶板埋深~底板埋深/m | 厚度/m<br>岩性 | | | |
| SJCS-01 | 兰考县城关乡王庄村 | 610 | 75~610 | 46.4<br>细中砂 | 401.62 | 7.87 | 0.000 065 |
| SJCS-02 | 兰考县城关镇城关水厂 | 580 | 55~580 | 31.27<br>细砂 | 670.13 | 12.18 | 0.000 025 |
| SJCS-03 | 三义寨孟角村水厂 | 620 | 80~620 | 45.5<br>中砂 | 507.27 | 11.03 | 0.000 061 |
| SJCS-04 | 兰考县鲁屯供水站 | 600 | 85~600 | 27.21<br>细砂 | 408.62 | 8.17 | 0.000 052 |
| SJCS-05 | 兰考县三义寨水厂 | 539 | 70~539 | 35.5<br>细砂 | 439.63 | 8.45 | 0.000 002 |

# 第二节　地下水资源计算与评价

## 一、均衡方程式的建立

对于一个地下水系统或区域来说，在补给与消耗的平衡发展过程中，任一时段补给量与消耗量之差，恒等于该时段含水层中水体积的变化量，根据水均衡的这一原理，依据本区地下水的补给、径流、排泄条件，建立水均衡方程。

### （一）浅层地下水

$$Q_{补} + Q_{排} = \mu F \frac{\Delta H}{\Delta t} \tag{3-1}$$

$$Q_{补} = Q_{黄河渗} + Q_{降} + Q_{回渗} + Q_{河渠补} + Q_{侧补} \tag{3-2}$$

$$Q_{排} = Q_{开采} + Q_{蒸发} + Q_{塘开} + Q_{侧排} + Q_{越} \tag{3-3}$$

式中　$Q_{补}$——地下水总补给量，$m^3/d$；

$Q_{排}$——地下水总排泄量，$m^3/d$；

$\mu$——水位变动带给水度；

$F$——均衡区面积，$m^2$；

$\Delta t$——均衡时间段长，d；

$\Delta H$——与 $\Delta t$ 对立的水位变幅，m；

$Q_{黄河渗}$——黄河侧渗补给量，$m^3/d$；

$Q_{降}$——降水入渗补给量，$m^3/d$；

$Q_{回渗}$——灌溉及鱼塘回渗补给量，$m^3/d$；

$Q_{河渠补}$——河渠水渗漏补给量，$m^3/d$；

$Q_{侧补}$——侧向径流补给量，$m^3/d$；

$Q_{开采}$——工农业及生活用水开采量，$m^3/d$；

$Q_{蒸发}$——浅层地下水蒸发量，$m^3/d$；

$Q_{塘开}$——鱼塘区开采量，$m^3/d$；

$Q_{侧排}$——侧向径流排泄量，$m^3/d$；

$Q_{越}$——越流补给中深层水量，$m^3/d$。

### （二）中深层地下水

$$(Q_{侧补} + Q_{越}) - (Q_{侧排} + Q_{开采}) = \mu_e \frac{\Delta H}{\Delta t} F \tag{3-4}$$

式中　$\Delta H$——$\Delta t$ 时段中深层水位变化值；

$\mu_e$——中深层水弹性释水系数；

其他符号含义同上。

## 二、补给量的计算

### (一)浅层地下水

1. 降水入渗补给量 $Q_{降}$

根据已有的研究成果，兰考县多年平均有22%的降水量对地下水补给不明显，为无效降水量。根据这一比例，按各地区多年平均有效降水量计算降水补给量。兰考县气象局1990—2016年26年的多年年降水量636.1 mm，以此进行降水入渗补给量计算。降水入渗补给量按下式计算：

$$Q_{\alpha} = P\alpha F \tag{3-5}$$

式中　$P$——有效降水量，m/a；

$\alpha$——降水入渗系数；

$F$——计算区面积，万 $m^2$。

计算时，降水入渗系数按不同岩性、不同埋深分别取值计算补给量，然后合计到区，见表3-7。

表3-7　降水入渗补给量

| 分区代号 | 区名 | 年有效降水量/(m/a) | 降雨入渗系数 | 计算区面积/$km^2$ | 降水入渗补给量/(万 $m^3$/a) |
|---|---|---|---|---|---|
| Ⅰ | 西部郊区 | 0.496 158 | 0.35 | 29.88 | 518.88 |
| | | | 0.21 | 31.48 | 328.00 |
| | | | 0.2 | 13.18 | 130.79 |
| | | | 0.3 | 0.22 | 3.27 |
| Ⅱ | 北部郊区 | 0.496 158 | 0.21 | 10.47 | 109.09 |
| | | | 0.2 | 35.43 | 351.58 |
| Ⅲ | 城中区 | 0.496 158 | 0.35 | 4.22 | 73.28 |
| | | | 0.21 | 28.32 | 295.08 |
| | | | 0.2 | 4.83 | 47.93 |
| | | | 0.3 | 15.36 | 228.63 |
| | | | 0.4 | 10.07 | 199.85 |

**续表 3-7**

| 分区代号 | 区名 | 年有效降水量/(m/a) | 降雨入渗系数 | 计算区面积/$km^2$ | 降水入渗补给量/(万 $m^3$/a) |
|---|---|---|---|---|---|
| Ⅳ | 南部郊区 | 0.496 158 | 0.21 | 0.64 | 6.67 |
| | | | 0.5 | 10.25 | 254.28 |
| | | | 0.4 | 1.12 | 22.23 |
| Ⅴ | 北部沿黄区 | 0.496 158 | 0.2 | 14.53 | 144.18 |
| 合计 | | | | | 2 713.74 |

2. 黄河侧渗补给量

利用达西公式计算黄河侧渗补给量,见表 3-8。

$$Q_{黄} = KMIL \tag{3-6}$$

式中　$K$——计算断面平均渗透系数,m/d;

$M$——平均含水层厚度,m;

$I$——平均水力坡度;

$L$——计算断面长度,m。

**表 3-8　黄河侧渗补给量**

| 分区代号 | 区名 | 平均渗透系数/(m/d) | 平均含水层厚度/m | 平均水力坡度 | 计算断面长度/m | 黄河侧渗补给量/($m^3$/a) |
|---|---|---|---|---|---|---|
| Ⅴ | 北部沿黄区 | 10.71 | 16 | 0.000 32 | 9 643 | 528.78 |

3. 侧向径流补给量 $Q_{侧补}$

计算公式如下:

$$Q_{侧补} = KMIBt \tag{3-7}$$

式中　$K$——渗透系数;

$M$——含水层厚度;

$I$——水力坡度;

$B$——计算断面长度;

$t$——时间。

依据等水位线图计算水力坡度,全区及各分区以分区边界作为断面,见表 3-9。

**表 3-9 地下水侧向径流补给量**

| 分区代号 | 区名 | 平均渗透系数/(m/d) | 平均含水层厚度/m | 水力坡度 | 计算断面长度/m | 侧向径流补给量/(万 $m^3$/a) | | |
|---|---|---|---|---|---|---|---|---|
| | | | | | | 内断面 | 外断面 | 合计 |
| Ⅰ | 西部郊区 | 11.48 | 12 | 0.000 59 | 3 466.00 | 10.28 | 26.53 | 36.81 |
| Ⅱ | 北部郊区 | 14.25 | 14.5 | 0.000 472 | 3 798.00 | 13.52 | 29.76 | 43.28 |
| Ⅲ | 城中区 | 15.2 | 15 | 0.000 818 | 8 722.00 | 59.37 | 0.00 | 59.37 |
| Ⅳ | 南部郊区 | 5.7 | 15 | 0.000 910 | 4 842.00 | 13.75 | 0.00 | 13.75 |
| Ⅴ | 北部沿黄区 | 14.25 | 16 | 0.000 690 | 0.00 | 0.00 | 16.00 | 16.00 |

4. 河渠水补给量

计算公式如下:

$$Q_{河} = K_z(B + Ah)Lt \tag{3-8}$$

式中 $Q_{河}$——河渠水渗漏补给量;

$K_z$——河渠底部土层垂直渗透系数,根据试验资料,河 $K_z$ 取 0.031 m/d,渠 $K_z$ 取 0.05 m/d;

$A$——系数,两侧渗漏取 2;

$h$——河渠水深度;

$B$——河渠水面宽度;

$L$——河渠长度;

$t$——放水天数。

根据本次调查选取研究区内未硬化的河流进行地下水侧向径流补给量的计算,各分区计算结果见表 3-10。

5. 坑塘水渗入补给量

区内坑塘大面积分布,坑塘底部岩性一般为粉土、粉砂,据调查,区内鱼塘渗漏现象较严重,渗漏速度在 0.001~0.002 m/d。在计算中,区内为自由渗流型坑塘，即坑塘底位于地下水位之上，常年有水源补给浅层地下水，坑塘水位变化不大，渗漏速度取 0.002 m/d；黑池、柳池渗漏速度取 0.001 m/d（见表 3-11）。

采用下式计算坑塘渗漏量：

$$Q_{塘渗} = VF \tag{3-9}$$

式中　$V$——坑塘渗漏速度，m/d；

$F$——坑塘水面面积，$m^2$。

**表 3-10　地下水侧向径流补给量**

| 分区代号 | 区名 | 河渠名称 | 河渠底部土层垂直渗透系数 | 两侧渗漏系数 | 河渠水深度/m | 河渠水面宽度/m | 河渠长度/m | 放水天数/d | 河渠水渗漏补给量/万 $m^3$ |
|---|---|---|---|---|---|---|---|---|---|
| Ⅰ | 西部郊区 | 三老河 | 0.031 | 2 | 0.50 | 6.00 | 14 376 | 60 | 18.72 |
| | | 四干渠 | 0.050 | 2 | 0.50 | 4.50 | 12 693 | 60 | 20.94 |
| | | 朝阳沟 | 0.050 | 2 | 0.30 | 2.50 | 7 344 | 15 | 1.71 |
| | | 金狮沟 | 0.050 | 2 | 0.30 | 2.50 | 8 349 | 15 | 1.94 |
| Ⅲ | 城中区 | 杜庄河东支 | 0.031 | 2 | 0.25 | 4.50 | 6 563 | 120 | 12.21 |
| | | 杜庄河西支 | 0.031 | 2 | 0.30 | 5.00 | 3 416 | 120 | 7.12 |
| Ⅳ | 南部郊区 | 杜庄河西支 | 0.031 | 2 | 0.30 | 5.00 | 4 062 | 120 | 8.46 |
| Ⅴ | 北部沿黄区 | 引黄总干渠 | 0.05 | 2 | 2.50 | 30.00 | 926 | 365 | 59.15 |

**表 3-11　坑塘渗入补给量**

| 分区代号 | 区名 | 坑塘类型 | 坑塘渗漏速度/(m/d) | 坑塘水面面积/$m^2$ | 坑塘水渗入补给量/万 $m^3$ |
|---|---|---|---|---|---|
| Ⅰ | 西部郊区 | 鱼塘 | 0.002 | 214 078 | 15.628 |
| Ⅱ | 北部郊区 | 水坑 | 0.001 | 34 241 | 1.250 |
| Ⅲ | 城中区 | 鱼塘 | 0.002 | 155 416 | 11.345 |
| Ⅳ | 南部郊区 | 鱼塘 | 0.002 | 49 526 | 3.615 |
| Ⅴ | 北部沿黄区 | 鱼塘 | 0.002 | 1 081 248 | 78.931 |
| | | 其他 | 0.001 | 171 758 | 6.269 |

6. 灌溉回渗量

计算公式：

$$Q_{回} = q\beta F = Q_{灌}\beta \tag{3-10}$$

式中　$Q_{回}$——灌溉回渗量，$m^3$；

$q$——灌溉定额，$m^3$/(亩·a)；

$\beta$——灌溉回渗系数；

$Q_{灌}$——灌溉用水量，$m^3$/a；

$F$——灌溉面积，亩。

根据《河南省统计年鉴》和野外实地调查，计算出各均衡区灌溉面积，年灌水定额引黄灌溉为 400 $m^3$/(亩·a)、地下水灌溉为 200 $m^3$/(亩·a)，见表 3-12。

**表 3-12　灌溉回渗量**

| 分区代号 | 区名 | 灌溉类型 | 灌溉回渗系数 | 灌溉定额/[$m^3$/(亩·a)] | 灌溉面积/$m^2$ | 灌溉回渗量/万 $m^3$ |
|---|---|---|---|---|---|---|
| Ⅰ | 西部郊区 | 渠灌 | 0.20 | 400.00 | 56 527 226.00 | 678.33 |
| Ⅱ | 北部郊区 | 渠灌 | 0.20 | 400.00 | 6 286 287.00 | 75.44 |
| | | 井灌 | 0.10 | 200.00 | 16 809 920.00 | 50.43 |
| Ⅲ | 城中区 | 井灌 | 0.10 | 200.00 | 18 729 379.00 | 56.19 |
| Ⅳ | 南部郊区 | 井灌 | 0.10 | 200.00 | 7 685 388.00 | 23.06 |
| Ⅴ | 北部沿黄区 | 渠灌 | 0.20 | 400.00 | 13 126 721.00 | 157.52 |
| | | 井灌 | 0.10 | 200.00 | 4 286 289.00 | 12.86 |

**（二）中深层地下水**

1. 侧向径流补给量 $Q_{侧补}$

采用达西公式，水力坡度依据 2016 年 9 月中深层水等水位线图确定，并依据各区导水系数 $T$，求得全区及各区之量，见表 3-13。

2. 越流补给量 $Q_{越}$

兰考县区内由于城区大量开采中深层水，使得中深层水位大幅度下降，形成区域性降落漏斗，造成浅层水越流补给中深层水。

表 3-13　地下水侧向径流补给量

| 分区代号 | 区名 | 平均渗透系数/(m/d) | 平均含水层厚度/m | 水力坡度 | 计算内断面长度/m | 计算外断面长度/m | 侧向径流补给量/万 $m^3$ | | |
|---|---|---|---|---|---|---|---|---|---|
| | | | | | | | 内断面 | 外断面 | 合计 |
| Ⅰ | 西部郊区 | 11.03 | 46 | 0.000 21 | 13 132.00 | 13 531.8 | 51.07 | 52.63 | 103.70 |
| Ⅱ | 北部郊区 | 7.87 | 51 | 0.001 | 3 302.00 | 6 267 | 48.37 | 91.81 | 140.19 |
| Ⅲ | 城中区 | 12.18 | 55 | 0.005 | 0 | 7 891 | 0.00 | 964.73 | 964.73 |
| Ⅳ | 南部郊区 | 8.45 | 52 | 0.003 | 2 942.00 | 4 615 | 141.55 | 222.05 | 363.60 |
| Ⅴ | 北部沿黄区 | 8.17 | 50 | 0.003 | 4 862 | 5 527 | 217.48 | 247.23 | 464.71 |

计算公式如下：

$$Q_{越} = \frac{K_z}{m} \cdot \Delta H \cdot F \tag{3-11}$$

式中　$Q_{越}$——浅层水对中深层水的越流量；

$K_z$——浅层与中深层两含水层间弱透水层的垂直渗透系数；

$m$——浅层与中深层含水层间弱透水层厚度；

$\Delta H$——浅层水与中深层水水位差；

$F$——越流区面积。

依据 2017 年 9 月浅层水、中深层水各区平均水位差($\Delta H$)、面积($F$)及各区越流系数($\frac{K_z}{m}$)，求出各区及全区越流量($Q_{越}$)，见表 3-14。

表 3-14　地下水侧向径流补给量

| 分区代号 | 区名 | 面积/$m^2$ | 弱透水层厚度/m | 水位差/m | 弱透水层渗透系数 | 越流量/万 $m^3$ |
|---|---|---|---|---|---|---|
| Ⅰ | 西部郊区 | 74 760 000 | 90.16 | 59.75 | 0.091 | 450.85 |
| Ⅱ | 北部郊区 | 45 900 000 | 116.67 | 61.13 | 0.025 | 60.12 |
| Ⅲ | 城中区 | 62 830 000 | 86.35 | 51.48 | 0.055 | 206.02 |
| Ⅳ | 南部郊区 | 11 980 000 | 73.8 | 61.63 | 0.043 | 43.02 |
| Ⅴ | 北部沿黄区 | 14 530 000 | 92.6 | 64.89 | 0.082 | 83.49 |

## 三、排泄量的计算

### (一)浅层地下水

1. 蒸发量 $Q_{蒸}$

计算公式如下:

$$Q_{蒸} = \varepsilon F \times 10^6 \tag{3-12}$$

式中 $Q_{蒸}$——蒸发量,$m^3/a$;

$\varepsilon$——蒸发强度,m/a;

$F$——蒸发区面积,$km^2$。

根据丰水年和枯水年的等水位现图得出地下水埋深小于 3 m 地区的面积,进行计算,见表 3-15。

**表 3-15 浅层地下水蒸发量一览表**

| 分区代号 | 区名 | 蒸发区面积/$m^2$ | 蒸发强度/(m/a) | 蒸发量/(万 $m^3/a$) |
|---|---|---|---|---|
| Ⅰ | 西部郊区 | 29 880 000 | 0.032 | 95.62 |
| Ⅲ | 城中区 | 4 220 000 | 0.032 | 13.50 |
| | | 10 070 000 | 0.032 | 32.22 |
| Ⅳ | 南部郊区 | 1 120 000 | 0.032 | 3.58 |

2. 开采量 $Q_{开}$

开采量包括城市供水、农业灌溉用水和郊区人畜生活供水开采浅层地下水量。

郊区农田灌溉定额:根据《河南省统计年鉴》中的开封市灌溉面积和野外实地调查,计算出各均衡区灌溉面积,地下水灌溉定额为 200 $m^3$/(亩·a),见表 3-16。

**表 3-16 浅层地下水灌溉开采量一览表**

| 分区代号 | 区名 | 灌溉类型 | 灌溉定额/[$m^3$/(亩·a)] | 灌溉面积/$m^2$ | 灌溉开采量/(万 $m^3/a$) |
|---|---|---|---|---|---|
| Ⅱ | 北部郊区 | 井灌 | 200.00 | 16 809 920.00 | 504.30 |
| Ⅲ | 城中区 | 井灌 | 200.00 | 18 729 379.00 | 561.88 |
| Ⅳ | 南部郊区 | 井灌 | 200.00 | 7 685 388.00 | 230.56 |
| Ⅴ | 北部沿黄区 | 井灌 | 200.00 | 4 286 289.00 | 128.59 |

3. 越流排泄量 $Q_{越}$

计算区浅层地下水与中深层地下水之间相对隔水层厚度大，水力联系差，地下水越流补给弱，本次计算忽略不计。

4. 径流排泄量 $Q_{排}$

计算公式同径流补给，计算结果见表 3-17。

**表 3-17　浅层地下径流排泄量一览表**

| 分区代号 | 区名 | 平均渗透系数/(m/d) | 平均含水层厚度/m | 水力坡度 | 计算断面长度(外)/m | 侧向径流排泄量(外)/(万 m³/a) |
|---|---|---|---|---|---|---|
| Ⅰ | 西部郊区 | 11.48 | 12 | 0.000 59 | 17 620 | 52.27 |
| Ⅱ | 北部郊区 | 14.25 | 14.5 | 0.000 472 | 6 579 | 23.42 |
| Ⅳ | 南部郊区 | 5.7 | 15 | 0.000 91 | 3 855 | 10.95 |

5. 鱼塘区浅层水开采量

根据调查，本区鱼塘主要是利用浅层地下水作为供水水源。据对鱼塘多年的调查统计，鱼塘的开采量平均为每亩水面用水 10 $m^3/d$，即 0.021 4 m 水柱高。

鱼塘用水量($m^3/a$) = 0.021 4(m/d)×鱼塘水面面积($m^2$)×年运行天数(d)，年运行时间 250 d，见表 3-18。

**表 3-18　鱼塘浅层地下开采量一览表**

| 分区代号 | 区名 | 坑塘类型 | 水柱高/m | 坑塘水面面积/m² | 鱼塘年运行/d | 鱼塘用水量/(万 m³/a) |
|---|---|---|---|---|---|---|
| Ⅰ | 西部郊区 | 鱼塘 | 0.021 4 | 214 078 | 250 | 114.53 |
| Ⅲ | 城中区 | 鱼塘 | 0.002 0 | 155 416 | 250 | 7.77 |
| Ⅳ | 南部郊区 | 鱼塘 | 0.002 0 | 49 526 | 250 | 2.48 |
| Ⅴ | 北部沿黄区 | 鱼塘 | 0.002 0 | 1 081 248 | 250 | 54.06 |

### (二)中深层地下水

1. 开采量

依据兰考县水利局资料，2015 年自来水公司开采量为 1 179 万 $m^3$，自备井开采量为 1 206 万 $m^3$。

2. 径流排泄 $Q_{排}$

计算公式同径流补给。

## 四、地下水资源评价

### (一)浅层地下水资源量评价

计算区面积 210 $km^2$,对比多年平均均衡要素可知,浅层地下水补给来源以降水入渗为主,灌溉回渗次之。消耗以人工开采、越流排泄为主,其次为蒸发,多年平均补给量与消耗量对比情况见表 3-19。由均衡计算结果可知,区内浅层地下水多年平均天然补给量为 4 548.48 万 $m^3/a$。

表 3-19　浅层地下水资源现状均衡计算(多年平均)

| 分区代号 | | Ⅰ | Ⅱ | Ⅲ | Ⅳ | Ⅴ | 总计 |
|---|---|---|---|---|---|---|---|
| | | 西部郊区 | 北部郊区 | 城中区 | 南部郊区 | 北部沿黄区 | |
| 面积/$km^2$ | | 74.76 | 45.90 | 62.83 | 11.98 | 14.53 | 210.00 |
| 补给量/(万 $m^3/a$) | 黄河侧渗 | 0.00 | 0.00 | 0.00 | 0.00 | 528.78 | 528.78 |
| | 降水入渗 | 980.94 | 460.67 | 844.77 | 283.18 | 144.18 | 2 713.74 |
| | 河渠水渗入 | 43.31 | 0.00 | 19.32 | 8.46 | 59.15 | 130.24 |
| | 坑塘入渗 | 15.63 | 1.25 | 11.35 | 3.62 | 85.20 | 117.04 |
| | 灌溉回渗 | 513.96 | 125.87 | 56.19 | 23.06 | 170.38 | 889.45 |
| | 侧向径流(内) | 10.28 | 13.52 | 59.37 | 13.75 | 0.00 | 0.00 |
| | 侧向径流(外) | 26.53 | 29.76 | 0.00 | 0.00 | 16.00 | 72.30 |
| | 合计 | 1 590.65 | 631.07 | 991.00 | 332.06 | 1 003.70 | 4 548.48 |
| 排泄量/(万 $m^3/a$) | 城镇供水 | 137.51 | 46.72 | 164.43 | 49.04 | 32.30 | 430.01 |
| | 农业用水 | 547.89 | 504.30 | 561.88 | 230.56 | 128.59 | 1 973.22 |
| | 地下水蒸发 | 95.62 | 0.00 | 45.73 | 3.58 | 0.00 | 144.93 |
| | 鱼塘区开采 | 114.53 | 0.00 | 7.77 | 2.48 | 54.06 | 178.84 |
| | 侧向径流(内) | | | | | | 0.00 |
| | 侧向径流(外) | 52.27 | 23.42 | 0.00 | 10.95 | 0.00 | 86.64 |
| | 越流中深层水 | 450.85 | 60.12 | 206.02 | 43.02 | 83.49 | 843.51 |
| | 合计 | 1 398.68 | 634.56 | 985.83 | 339.63 | 298.45 | 3 657.14 |
| 均衡差/(万 $m^3/a$) | | 191.98 | -3.50 | 5.17 | -7.57 | 705.25 | 891.33 |
| 水位变幅(日变幅)/m | | 0.14 | 0.00 | 0.00 | -0.04 | 2.51 | |

## (二)中深层地下水资源量评价

根据计算,中深层水总补给量 2 880.43 万 $m^3/a$,其中侧向径流补给量 1 578.44 万 $m^3/a$,浅层水越流补给量 843.51 万 $m^3/a$。中深层水主要消耗于开采,开采量 2 385.00 万 $m^3/a$,见表 3-20。

表 3-20 中深层地下水资源现状均衡计算(多年平均)

| 分区代号 | | Ⅰ | Ⅱ | Ⅲ | Ⅳ | Ⅴ | 总计 |
|---|---|---|---|---|---|---|---|
| | | 西部郊区 | 北部郊区 | 城中区 | 南部郊区 | 北部沿黄区 | |
| 面积/$km^2$ | | 74.76 | 45.90 | 62.83 | 11.98 | 14.53 | 210.00 |
| 补给量/(万 $m^3/a$) | 侧向径流(内) | 51.07 | 48.37 | 0.00 | 141.55 | 217.48 | 0.00 |
| | 侧向径流(外) | 52.63 | 91.81 | 964.73 | 222.05 | 247.23 | 1 578.44 |
| | 越流补给 | 450.85 | 60.12 | 206.02 | 43.02 | 83.49 | 843.51 |
| | 合计 | 554.55 | 200.31 | 1 170.75 | 406.62 | 548.20 | 2 880.43 |
| 排泄量/(万 $m^3/a$) | 城市供水 | 0.00 | 0.00 | 1 179.00 | 0.00 | 0.00 | 1 179.00 |
| | 自备井 | 144.00 | 18.00 | 900.00 | 96.00 | 48.00 | 1 206.00 |
| | 侧向径流(外) | 0.00 | 0.00 | 0.00 | 0.00 | 0.00 | 0.00 |
| | 合计 | 144.00 | 18.00 | 2 079.00 | 96.00 | 48.00 | 2 385.00 |
| 均衡差/(万 $m^3/a$) | | 410.55 | 182.31 | -908.25 | 310.62 | 500.20 | 495.43 |
| 水位变幅(日变幅)/m | | 0.30 | 0.25 | -0.81 | 1.48 | 1.78 | |

小结:从计算结果可以看出,浅层地下水、中深层地下水是一个统一的地下水系统,无论单独开采哪一层,都会对另一层产生重大影响。所以,将其作为一个整体系统,才能正确评价本区的地下水资源。

## (三)地下水量均衡分析

(1)浅层地下水补给量为 4 548.48 万 $m^3/a$,排泄量为 3 657.14 万 $m^3/a$,补给量大于排泄量。计算出均衡Ⅰ区平均水位上升 0.14 m,实测水位上升值在 0.11~0.41 m,平均为 0.17 m;均衡Ⅱ区平均水位上升 0 m,实测水位上升值在 0. 03~0. 07 m,平均为 0. 04 m;均衡Ⅲ区平均水位上升 0 m,实测水位上升值在 0. 02~0. 04 m,平均为 0. 03 m;均衡Ⅳ区平均水位下降 0. 04 m,实测水位下降值在 0. 05~0. 1 m,平均为 0. 06 m;均衡Ⅴ区平均水位上升 2. 51 m,实测水位上升值在 1. 6~2. 8 m,平均为 2. 33 m。计算与实测的平均水位接近,说明所选参数合理,计算的补给量和消耗量可靠。

(2)中深层地下水补给量为 2 880. 43 万 $m^3/a$,排泄量为 2 385. 00 万 $m^3/a$,补给量大于排泄量。计算出均衡Ⅰ区平均水位上升 0. 30 m,实测水位上升值在 0. 33~0. 65 m,平均为 0. 28 m;均衡Ⅱ区平均水位上升 0. 25 m,实测水位上升值在 0. 11~0. 52 m,平均为 0. 29 m;均衡Ⅲ区平均水位下降 0. 81 m,实测水位下降值在 0. 35~1. 42 m,平均为 0. 92 m;均衡Ⅳ区平均水位上升 1. 48 m,实测水位上升值在 1. 3~2. 2 m,平均为 1. 46 m;均衡Ⅴ区平均水位上升 1. 78 m,实测水位上升值在 1. 2~2. 5 m,平均为 1. 79 m。计算与实测的平均水位接近,说明所选参数合理,计算的补给量和消耗量可靠。

## 第三节　地下水超采区评价

兰考县规划区地下水超采区研究对象是孔隙水,地下水开采量超过可开采量,造成地下水水位呈持续下降趋势,或因开发利用地下水引发了生态与环境地质问题,是判定地下水超采和划分地下水超采区的依据。本次采用2001—2016 年资料序列进行地下水超采区划分,以评价期内年均地下水水位变化速率、年均地下水开采系数、地下水开采引发的生态与环境地质问题,作为衡量指标划分超采区。

### 一、水位动态法

以评价期内地下水水位变化速率作为主要衡量指标划分超采区，地下水水位下降速率按下式计算：

$$v = (H_1 - H_2)/T \tag{3-13}$$

式中　$v$——年均地下水水位下降速率,m/a;

$H_1$——计算时段初地下水水位,m;

$H_2$——计算时段末地下水水位,m;

$T$——计算时段年数。

根据河南省地下水水位演变趋势，结合地下水开发利用情况，地下水超采区划分标准如下。

**（一）浅层地下水超采区划分标准**

评价时段（2001—2016年）内，浅层地下水水位呈持续下降趋势的区域，划分为超采区，其中：水位下降速率大于1.0 m/a的区域为严重超采区，水位下降速率小于或等于1.0 m/a的区域为一般超采区。

**（二）深层承压水超采区划分标准**

按照实行最严格水资源管理制度要求，深层承压水不应作为长期开采的资源，只宜作为应急和战略储备资源；深层承压水的开采量原则上视为超采量；深层承压水开采区域，原则上划定为超采区。依据收集的资料，将深层承压水水位下降速率大于2.0 m/a的开采区域划为严重超采区，水位下降速率小于或等于2.0 m/a的开采区域划为一般超采区。

## 二、开采系数法

**（一）划分标准**

以地下水开采系数为评判指标进行超采区划分。

在地下水超采区中，评价期内年均地下水开采系数大于1.3的区域划分为严重超采区，其他区域划分为一般超采区。

地下水计算单元依据地下水资源计算单元划分，共5个计算单元。

**（二）开采系数计算**

$$地下水可开采量=地下水总补给量\times开采系数 \tag{3-14}$$

根据河南省平原区水文地质条件和浅层地下水开发利用现状，开采系数$\rho$按以下原则确定：

（1）对于开采条件良好［单井单位降深出水量大于20 $m^3/(h \cdot m)$］，可选用较大的$\rho$值，参考取值范围为0.80~0.95。

（2）对于开采条件一般［单井单位降深出水量在5~10 $m^3/(h \cdot m)$］的地区，选用中等的$\rho$值，参考取值范围为0.70~0.85。

（3）对于开采条件较差［单井单位降深出水量小于5.0 $m^3/(h \cdot m)$］的地区，选用较小的$\rho$值，参考取值范围为0.65~0.75。

结合兰考县实际情况，本次选取$\rho$值为0.70~0.85。

### (三)开采系数

根据上述结果,计算各工作分区的地下水开采系数。

评价期年均地下水开采系数可按下式计算:

$$k = Q_{开} / Q_{可开} \tag{3-15}$$

式中 $k$——年均地下水开采系数;

$Q_{开}$——计算时段内年均地下水开采量,万 $m^3$;

$Q_{可开}$——计算时段内年均地下水可开采量,万 $m^3$。

## 三、地下水超采区评价结果

依据式(3-15),计算结果为:

评价期浅层地下水计算单元开采系数介于0.23~1.03,其中开采系数大于1.0的有2个单元,开采系数小于1.0的有3个单元。浅层地下水整体处于一般超采区。

评价期中深层地下水计算单元开采系数介于0.08~0.25,其中开采系数大于1.3的有1个单元,开采系数小于1.0的有3个单元。中深层地下水主城区属于严重超采区,其他区域属于一般超采区。

表3-21 浅层、中深层地下水可开采资源与开采系数

<table>
<tr><th colspan="2" rowspan="2">分区代号</th><th>Ⅰ</th><th>Ⅱ</th><th>Ⅲ</th><th>Ⅳ</th><th>Ⅴ</th><th rowspan="2">全区</th></tr>
<tr><th>西部郊区</th><th>北部郊区</th><th>城中区</th><th>南部郊区</th><th>北部沿黄区</th></tr>
<tr><td colspan="2">面积/km²</td><td>74.76</td><td>45.90</td><td>62.83</td><td>11.98</td><td>14.53</td><td>210</td></tr>
<tr><td rowspan="3">浅层水/(万 m³/a)</td><td>可开采量</td><td>991.91</td><td>547.52</td><td>739.25</td><td>274.51</td><td>920.20</td><td>3 473.40</td></tr>
<tr><td>实际开采量</td><td>799.94</td><td>551.02</td><td>734.09</td><td>282.08</td><td>214.95</td><td>2 582.07</td></tr>
<tr><td>开采系数ρ</td><td>0.81</td><td>1.01</td><td>0.99</td><td>1.03</td><td>0.23</td><td>0.74</td></tr>
<tr><td rowspan="3">中深层水/(万 m³/a)</td><td>可开采量</td><td>554.55</td><td>200.31</td><td>1 170.75</td><td>406.62</td><td>548.20</td><td>2 880.43</td></tr>
<tr><td>实际开采量</td><td>144.00</td><td>18.00</td><td>2 079.00</td><td>96.00</td><td>48.00</td><td>2 385.00</td></tr>
<tr><td>开采系数ρ</td><td>0.25</td><td>0.089 9</td><td>1.77</td><td>0.24</td><td>0.087 6</td><td>0.83</td></tr>
</table>

# 第四节　城市应急水源地规划

## 一、水文地质物探成果分析

黄河从兰考县北部流过,构成了兰考县较为有利的地表水利用条件。在兰考县目前的供水结构中,地表水占总供水量的33.9%~64.23%。随着城市的发展,为城市寻找应急水源地也是兰考县发展的必然需求。在兰考县城市地质调查工作中,在这方面也投入了一定的工作量,主要是在分析兰考县水文地质条件的基础上,有针对性地布置了水文地球物探工作,以初步圈定具有供水意义的地段。

根据测深资料进行整理分析,求出不同深度层面、不同点位的含水层导水系数。

## 二、应急水源地选址

结合兰考县水文地质条件、物探解译成果、供水现状等条件,综合考虑地下水资源与生态环境效应、地下水补给资源、储存资源、地下水水质、开采技术条件等因素,确定兰考县的应急水源地为二坝寨—姜楼应急水源地(见图3-2)。

二坝寨—姜楼应急水源地位于兰考县北部,面积45.9 km$^2$,距兰考县最近1 km,交通便利。同时,该区域也符合《兰考县城市总体规划(2013—2030年)》的要求。

## 三、应急水源地地下水资源评价

### (一)水文地质参数计算

本次水源地详查对浅层地下水允许开采量进行计算与评价,允许开采量是指开采井群在开采期内其中心井井壁动水位在允许降深范围内,且环境地质条件不发生明显改变的最大涌水量。根据水源地浅层地下水的水文地质条件,其评价原则是:①开采年限为20年;②开采期中心井井壁动水位不超过30 m;③浅层地下水在开采期内不至于产生地面沉降、水质恶化和含水层疏干等环境地质问题;④采用解析法初步计算浅层地下水允许开采量。

本次水源地详查面积为45.9 km$^2$,根据水源地水文地质条件及评价精度要求,采用解析法初步评价浅层地下水允许开采量。

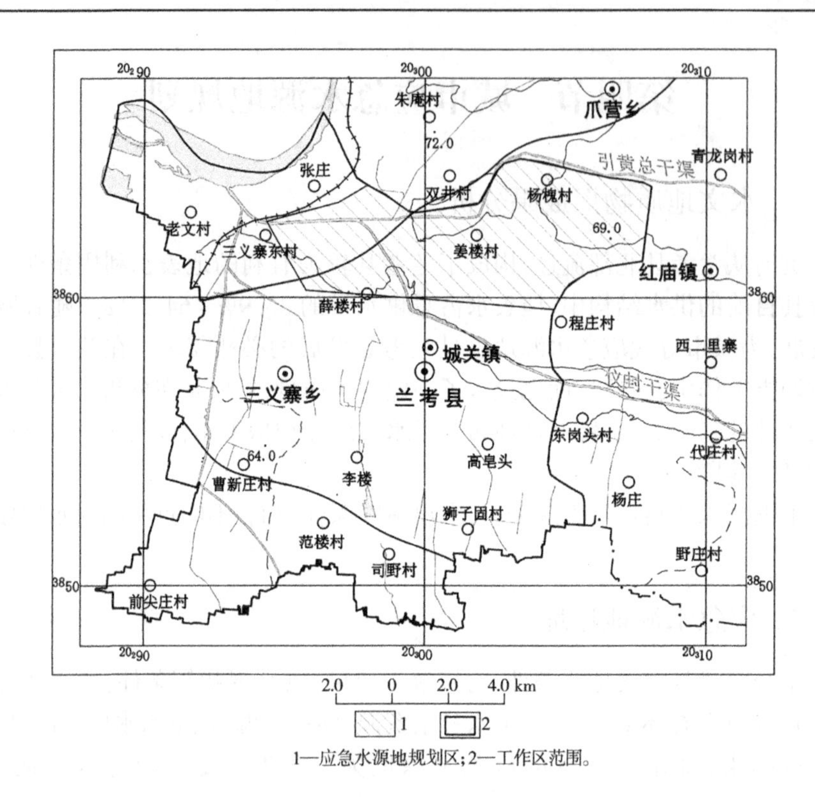


图 3-2　研究区应急水源地位置

1. 稳定流抽水试验求取参数

该水源地勘探目的层埋深 0~50 m,浅层地下水顶板埋深 8~10 m,探采结合井均为非完整井,水文地质试验进行了一组非稳定流抽水试验、两组一个落程稳定流抽水试验。根据稳定流和非稳定流抽水试验进行水文地质参数计算。

根据稳定流抽水试验资料求取渗透系数等水文地质参数,采用"裘布依无压完整井"公式进行计算。

$$K = \frac{Q\ln\dfrac{1.32L}{r_w}}{2\pi L s_w} \tag{3-16}$$

$$T = KM \tag{3-17}$$

式中　$K$——渗透系数,m/d;

$s_w$——抽水孔水位降深,m;

$r_w$——抽水孔过滤器半径,m;

$Q$——涌水量，$m^3/d$；

$L$——过滤器半径，m；

$T$——导水系数，$m^2/d$；

$M$——含水层厚度，m。

2. 非稳定流抽水试验求取参数

根据非稳定流抽水试验资料求取导水系数、储水系数、给水度等水文地质参数，采用"博尔顿、纽曼无压含水层完整井"公式进行计算。

1）配线法

根据 B 组标准曲线求得导水系数 $T$、给水度 $S_y$：

$$T = \frac{0.08Q}{s}W\left(u_y, \frac{r}{D}\right) \tag{3-18}$$

$$S_y = \frac{4Tt}{r^2 \frac{1}{u_y}} \tag{3-19}$$

2）直线图解法

$$T = 0.183\frac{Q}{i} \tag{3-20}$$

式中　$T$——导水系数，$m^2/d$；

$s$——水位降深，m；

$W\left(u_y, \frac{r}{D}\right)$——井函数；

$u_y$——井函数自变量；

$S_y$——给水度；

$t$——抽水时间，d；

$r$——抽水孔至观测孔的距离，m；

$Q$——涌水量，$m^3/d$；

$i$——直线斜率。

由计算结果可知，不同计算方法所求得的水文地质参数较为接近，计算采用$T=490\ m^2/d$，$\mu_e=0.033$。

3. 解析法计算浅层地下水允许开采量

1）数学模型的概化及计算公式的选取

根据含水层结构、埋藏条件、含水层间的水力联系，区内浅层地下水可以概化如下：

(1)区内浅层含水层组之间无稳定隔水层存在,有同一水力联系的潜层含水层。

(2)含水层下部无越流。评价区内含水层底板埋深为50~60 m,其下有近20 m厚的黏土、亚黏土隔水层存在,构成本区浅层含水层的隔水底板,浅层含水层与中深层含水层水力联系极弱,作无越流处理。

(3)评价区内含水层为非均质各向同性潜水含水层。

(4)有降水入渗、灌溉回渗、淹没补给等垂向补给。

(5)有开采井。

(6)水流为平面二维非稳定流,且服从达西定律。

(7)边界为第一、第二类边界。

黄河为评价区北部边界,黄河河床内堆积物多为粉细砂,黄河水与评价区内浅层水水力联系密切,故将黄河作一类边界处理。黄河为"地上悬河",天然条件下,河边线附近,河水位高于该处的浅层水位。如果近河地段有开采井开采浅层地下水,二者的差值则更大。这也从另一个侧面说明黄河与完整切割含水层的河流在补给浅层水的机制上是有差异的,如果将黄河作为一类边界处理,则黄河水边线须外推。

根据概化处理,区内浅层地下水采用无压完整井泰斯公式计算。

$$s = \frac{2.3Q}{4\pi T}\lg\left(\frac{2.25Tt}{S_y r^2}\right) \tag{3-21}$$

式中 $s$——某点的降深值,m;

$Q$——出水量,$m^3/d$;

$T$——导水系数,$m^2/d$;

$S_y$——给水度;

$t$——抽水延续时间,d;

$r$——计算点至抽水井的距离。

2)允许开采量的计算

(1)水源地的确定。

拟建应急水源地选择在兰考县城北部的二坝寨—姜楼,该处含水层岩性以细砂、中细砂为主,含水层厚度为39~46 m。

(2)开采方案的确定。

根据详查区水文地质条件,拟建水源地井位布设在兰考县城区以北,井间距为800 m,排距为1 000 m。

根据实际抽水资料,井径为325~400 mm时,单井出水量50~89 $m^3/h$

时,降深为 9.0~12.31 m,单位涌水量为 3.6~8.89 $m^3/(h \cdot m)$,换算成 10 m 降深时,单井出水量达 36 · 88.9 $m^3/h$,一般单井出水量大于 65 $m^3/h$。设计单井出水量为 60 $m^3/h$。

该水源地施工的探采结合孔,管径为 $\phi$400 mm,并考虑水源地浅层地下水埋藏深度及目前一般选用的抽水设备,本次水源地设计动水位按 30 m 考虑。

**(二)地下水资源量评价**

通过计算,水源地开采条件下补给量为 25 714.04 $m^3/d$,排泄量为 17 500 $m^3/d$,动用动水位范围内的静储存量为 2 747.78 $m^3/d$,地下水允许开采量为 10 961.82 $m^3/d$,故拟建水源地浅层按 1.0 万 $m^3/d$ 开采是可行的。

# 第四章　城市清洁能源

## 第一节　浅层地热资源

### 一、热储特征及其埋藏条件

兰考县区浅层地热能资源丰富，开发利用前景广阔，目前主要应用于建筑节能。

经测温资料分析，兰考县恒温带深度约为 27 m。恒温带以上，地下水温度与埋深关系不明显，主要随季节变化；而在恒温带以下，地下水温度有随埋深增加而增加的趋势，平均地下水埋深每增加 10 m，水面附近温度大约升高 0.25 ℃。

兰考县的土壤和地下水中均蕴藏有丰富的浅层地热资源，尤其是浅层水文地质条件良好，地下水水温、水质均适宜浅层地热能的开发应用，为水源热泵技术及地温中央空调的发展提供了有利的自然条件。尤其是区内第四系厚度大，含水层颗粒较粗、厚度较大，地下水易抽取、较易回灌，同时地层松散易施工，既可应用地源型，又可利用地下水源型，浅层地热能开发利用前景非常广阔。

兰考县处于黄河冲积平原，浅层含水层岩性由中粗砂、中细砂、细砂组成，含水层顶板埋深 10～30 m，底板埋深 40～50 m，含水层由 3～6 层中砂、细砂、细粉砂组成，自上而下由细变粗，厚度 10～25 m，单井涌水量 20～50 $m^3$/h；顶板埋深 50 m 以下至 150 m 的中深层含水层组，含水层总厚度 12～56 m，由 3～6 层细砂、中砂组成。单位涌水量 25～57.5 $m^3$/(h · m)。浅层地热能利用层位浅，单井出水量较大，水质一般，适宜浅层地热能利用。因此，兰考县浅层地热能资源丰富，开发利用条件良好。

浅层地热能资源作为绿色可再生能源，日益受到政府的高度重视。打开地球浅部能源宝库，开发利用浅层地热能这一清洁能源，对调整能源结构，改善人居环境，确保经济社会的可持续发展具有深远的意义。合理开发利用浅层地热能，必将产生良好的经济、社会效益和环境效益。

## 二、地埋管地源热泵换热功率

### （一）计算原则

计算范围为地埋管适宜区和较适宜区内，恒温带深度至 150 m 以浅第四系与新近系松散层厚度。

### （二）计算方法

将研究区 150 m 以浅地层概化为均匀层状，按照稳定传热条件计算 U 形地埋管的单孔换热功率，然后根据单孔换热功率计算评价区换热功率。具体计算公式如下：

$$D = \frac{2\pi L\left|t_1 - t_4\right|}{\frac{1}{\lambda_1}\ln\frac{r_2}{r_1} + \frac{1}{\lambda_2}\ln\frac{r_3}{r_2} + \frac{1}{\lambda_3}\ln\frac{r_4}{r_3}} \tag{4-1}$$

$$Q_h = Dn \times 10^{-3} \tag{4-2}$$

式中　$Q_h$——换热功率，kW；

$n$——计算面积内换热孔数；

$D$——单孔换热功率，W；

$\lambda_1$——地埋管材料的热导率，W/(m·℃)；

$\lambda_2$——换热孔中回填料的热导率，W/(m·℃)；

$\lambda_3$——换热孔周围岩土体的平均热导率，W/(m·℃)；

$L$——地埋管换热器长度，m；

$r_1$——地埋管束的等效半径，m；

$r_2$——地埋管束的等效外径，m；

$r_3$——换热孔平均半径，m；

$r_4$——换热温度影响半径，m；

$t_1$——地埋管内流体的平均温度，℃；

$t_4$——温度影响之外岩土体的温度，℃。

### （三）参数确定

以地埋管地源热泵适宜区、较适宜区为基础，考虑地质条件、经济条件、土地利用率等条件的差异进行分区，在此基础上确定各区参数。

（1）地埋管材料的热导率 $\lambda_1$：引用浅层地温能勘查评价规范数据，取 0.42 W/(m·℃)。

（2）换热孔中回填料的热导率 $\lambda_2$：参考《浅层地热能勘查评价规范》(DZ/T 0225—2009)及已有文献资料，综合确定。本次回填料以粉砂为主，取 1.65

W/(m·℃)。

(3)换热孔周围岩土体的平均热导率 $\lambda_3$:首先根据本次现场热响应试验成果,结合《浅层地热能勘查评价规范》(DZ/T 0225—2009)确定各单层土体热导率,再根据换热孔内垂向土体结构组合特征进行加权平均,确定换热孔周围岩土体的平均热导率。根据本次实验结果,该值为 1.62 W/(m·℃)。

(4)地埋管换热器长度 $L$:根据兰考县目前在建地埋管地源热泵工程情况,均按单 U 管计算,为各计算区恒温层至计算下限深度,即 150 m。

(5)地埋管束的等效半径 $r_1$:引用《地源热泵系统工程技术规范(2009版)》(GB 50366—2005)中 PE100 型管材规格参数(外径为 0.032 m,壁厚为 0.003 m),参照《浅层地热能勘查评价规范》(DZ/T 0225—2009),取单 U 管内径的$\sqrt{2}$倍,为 0.041 m。

(6)地埋管束的等效外径 $r_2$:等效半径 $r_1$ 加壁厚,取 0.044 m。

(7)换热孔平均半径 $r_3$:按郑州地区已有工程经验,取 0.075 m。

(8)换热温度影响半径 $r_4$:按经验值,结合本区地温空调运行实践,换热孔间距 5 m,则影响半径为 5 m。

(9)地埋管内流体的平均温度 $t_1$:根据研究区地下水温度、现场热响应试验成果,结合本次试验提供的实际工程运行参数,同时参考《地源热泵系统工程技术规范(2009 版)》(GB 50366—2005)综合确定,取 25.3 ℃。

(10)温度影响之外岩土体的温度 $t_4$:根据计算地区的恒温带温度、恒温带深度、计算深度与地温梯度综合计算,计算结果为 17.5 ℃。

地温梯度计算公式为:

$$T = \frac{G}{100} \times \frac{(S - S_0)}{2} + T_0 \tag{4-3}$$

式中 $G$——地温梯度,℃/100 m;

$S$——浅层地温场底界深度,m;

$S_0$——恒温带深度,m;

$T_0$——恒温带温度,℃。

最终确定地埋管适宜区换热功率计算参数,见表 4-1。

**表 4-1　地埋管适宜区换热功率计算参数取值**

| 分区编号 | $\lambda_1$ | $\lambda_2$ | $\lambda_3$ | $L$ | $r_1$ | $r_2$ | $r_3$ | $r_4$ | $t_1$ | $t_4$ |
|---|---|---|---|---|---|---|---|---|---|---|
| | W/(m·℃) | | | m | | | | | ℃ | |
| 1 | 0.42 | 1.65 | 1.62 | 150 | 0.041 | 0.044 | 0.075 | 5 | 25.3 | 17.5 |

**(四)计算结果**

根据前述计算方法与参数，研究区地理管地源热泵功率计算结果见表4-2。

**表4-2　地理管地源热泵换热功率计算结果**

| 分区编号 | 分区面积/$km^2$ | $D_{夏}$/W | $Q_{h夏}$/万 kW |
|---|---|---|---|
| 1 | 210 | 2 386. 384 | 638. 4 |
| 合计 | 210 |  | 638. 4 |

注：$D$—单孔换热功率，W；$Q_h$—换热功率，kW。

# 第二节　深层地热资源

## 一、地热区边界条件

区域上，调查区以聊兰断裂为界，东临菏泽凸起，同时东西向的新乡—商丘大断裂横贯调查区，使其南北两部分分别位于两大地质单元内，即断裂北侧为东濮断陷，断裂南侧为开封凹陷。

根据本次物探工作及所收集资料，调查区内主要断裂为新乡—商丘大断裂及聊兰断裂的伴生断裂，在物探勘探深度内，以上断裂埋藏基本在2 000 m左右，部分地段切进新近系地层，因此对新近系热储层基本不构成隔水边界。在勘查深度以内，新近系地层厚度稳定，在调查区内可以视为无限开放的含水层。

## 二、热储特征及其埋藏条件

**(一)盖层特征**

调查区热储具有良好的盖层条件，新近系热储盖层为巨厚的第四纪，厚度一般在400 m左右，分布稳定。其中的黏土和砂质黏土层具有很好的保温隔热作用，有利于地热资源的富集与储存。

**(二)热储特征**

根据资料分析，区内地热水(水温大于25 ℃的地下水)主要赋存于深度350~400 m以下的含水层中。本区2 000 m深度内存在多层热储层，可分为新近系明化镇组孔隙裂隙热储层和新近系馆陶组孔隙裂隙热储层两种类型。

1. 新近系明化镇组孔隙裂隙热储层

该热储层遍布整个调查区，其厚度较均匀，顶板埋深约为400 m。位于该层的地热井现已基本关停，只有少量用于洗浴的地热井还在使用。

(1)温水储层(300~800 m)。热储岩性以薄层细砂为主，累计厚度216 m，井口水温30 ℃左右，单井开采能力为42~80.6 $m^3/h$，硬度一般24~239 mg/L，属软水，可溶性总固体一般676.9~835.79 mg/L，顶板厚度35~118 m。包括三个热储含水亚层。深度在300~450 m为第一热储含水亚层，热储岩性以细砂、粉细砂、中细砂为主，累计厚度60~80 m，单层厚度一般小于2~7 m，井口水温25~27 ℃；深度在450~600 m为第二热储含水亚层，热储岩性以中砂和中细砂为主，累计厚度50~65 m，单层厚度5~10 m，井口水温29~32 ℃，该热储层是目前主要开采层段之一；深度在600~800 m为第三热储含水亚层，热储岩性以细砂、中砂、粉细砂为主，累计厚度70~90 m，单层厚度8~13 m，井口水温32~40 ℃。

(2)温热水储层(800~1 300 m)。热储岩性以厚层中砂和中细砂为主，累计厚度170 m，井口水温50 ℃，单井开采能力为30~60 $m^3/h$，硬度一般19~275 mg/L，属软水，可溶性总固体一般744.22~1 646.78 mg/L，顶板厚度40~175 m。包括两个热储含水亚层。深度在800~1 000 m为第四热储含水亚层，热储岩性以薄层细砂为主，累计厚度60~80 m，单层厚度一般小于10 m，井口水温45 ℃左右，此段热储层目前开采不多；深度在1 000~1 300 m为第五热储含水亚层，热储岩性以厚层中砂和中细砂为主，累计厚度50~100 m，单层厚度10~20 m，井口水温52~55 ℃，该热储层是目前主要开采层段之一。

2. 新近系馆陶组孔隙裂隙热储层

该热储层遍布整个调查区，其厚度较均匀，顶板埋深约为1 300 m。现该层热储为兰考县城地热供暖主要利用层位。

热水储层(1 300~2 000 m)：热储岩性上部为浅棕色砂砾岩、灰色粉砂质泥岩与棕红色泥岩呈不等厚互层，下部为杂色砂砾岩与棕红色泥岩呈不等厚互层，含水层渗透性好，热储温度高，单井出水量可达120 $m^3/h$，井口出水温度可达65 ℃以上，溶解性总固体约4 662 mg/L，硬度增加到366 mg/L，属硬水。包括三个热储含水亚层。深度在1 300~1 600 m为第六热储含水亚层，热储岩性以砾岩为主，少量砂质泥岩，累计厚度100~116 m，单层厚度10~20 m，井口水温65 ℃左右；深度在1 600~2 000 m为第七热储含水亚层，岩性为砾岩与泥岩互层，含水层渗透性好，热储温度高，井口出水温度可达70 ℃以上，中石化新星石油公司已在该层位完成多口地热井并已进行供暖。

此外,在 2 000 m 以深的古近系地层中,因其厚度大于 1 000 m,热储潜力更大,开采前景非常看好,为第八热储含水亚层。

**(三)地温场垂向分布特征**

地球表面的热源主要来源于两个方面:一是太阳的辐射热,二是地球内部的巨大内热。这两种反向传输的热量在不同地区和不同部位存在着不同的平衡关系,这种平衡关系决定了各地区地壳浅部热储温度场的特征。尽管各地区热储温度场特征有所不同,但从地表向下大致都可以分为三个带,即变温带、恒温带、增温带。

1. 变温带

地壳表层温度主要受太阳辐射热的影响,而发生明显变化的地带称为变温带。其温度随深度变化很大,变温带的温度夏季随深度递减,冬季随深度递增。变温带的深度,一般日变温带为 1~2 m,年变温带为日变温带的 20 倍,即 20~40 m。结合本次野外调查工作,变温带深度确定为水面下 10 m、地面下平均 16.66 m。

2. 恒温带

地球内热与太阳辐射热互相影响达到平稳的地带为恒温带,位于变温带以下,该带厚度一般很薄。这个带内,太阳辐射热的影响逐渐减弱,温度相对保持恒定。恒温带的温度各地不一,主要与该区的纬度、高度、岩性、地表水体的分布、植被及小气候条件等有关。

本次调查区恒温带温度的确定采用统计与多年平均气温相结合的方法,并在此基础上,综合考虑已有的研究成果。本次野外调查浅井共 62 个,水面下平均 10 m(地面下平均 16.66 m)处平均水温 16.3 ℃。兰考县多年平均气温 14.7 ℃,恒温带的温度一般高于当地平均气温 1~3 ℃,可取 16.3 ℃为规划区的恒温带温度,恒温带埋深确定为地面下 16.66 m 处。

3. 增温带

恒温带以下越向深处温度越高的带称为增温带,此带的热储温度状况和温度场主要受制于地球的内热,而不受太阳辐射的影响。一般温度是稳定地向着地球中心的方向而递增的。增温带热储温度的大小用地温梯度来表示,即深度每增加 100 m 所增加的温度值。不同地区地温梯度不同,这主要与控热构造、热储结构、岩浆活动及地热地质环境有密切关系。根据《地热资源地质勘查规范》(GB 11615—2010)中关于可利用地热储量的定义及《河南省兰考县城规划区及其周边地热资源调查设计》的要求,本次主要研究在当前技术经济条件下能够经济开发和利用的新近系热储,同时初步了解古近系热储。

### (四)地温梯度计算

所谓地温梯度,是指在增温带沿地下等温面的法线向地球中心方向上单位距离内温度所增加的数值,通常采用的单位是℃/100 m。在不同地区,地温梯度值有很大的变化,一般地温梯度等于或接近地温梯度平均值的地区称为地热异常区。

根据研究区内地热井测井温度和恒温带资料计算地温梯度($\Delta T/\Delta H$),公式如下:

$$\Delta T/\Delta H = \frac{T - T_0}{h - h_0} \times 100 \tag{4-4}$$

式中 $\Delta T/\Delta H$ ——地温梯度,℃/100 m;

$T$——钻孔测井温度,℃;

$T_0$——恒温带温度,16. 3 ℃;

$h$——钻孔测温段埋深,m;

$h_0$——恒温带埋深,16. 66 m。

依据规划区及其附近地热井调查资料,结合恒温带温度,采用式(4-4)计算调查区增温带地层的地温梯度值,计算结果见表 4-3。

表 4-3　调查区平均地温梯度统计

| 名称 | 测井深度/m | 温度/℃ | 平均地温梯度/(℃/100 m) |
|---|---|---|---|
| 三义寨村矿泉水井 | 650 | 38 | 3. 44 |
| 兰考凤凰城小区 | 1 152 | 50 | 2. 97 |
| 东坝头乡洗浴中心 | 1 174 | 50 | 2. 92 |
| 桐乡会所 | 1 080 | 50 | 3. 18 |
| 清华园小区 | 1 035 | 48 | 3. 12 |
| 星钻小区 | 1 240 | 51 | 2. 84 |
| 中原石油局 1 | 1 980 | 71 | 2. 79 |
| 中原石油局 2 | 1 980 | 71 | 2. 79 |
| 康桥名郡小区 | 1 203 | 55 | 3. 27 |
| 维康冻干食品有限公司 | 1 980 | 71 | 2. 79 |
| 蓝翔酒业 | 1 000 | 48 | 3. 23 |

续表 4-3

| 名称 | 测井深度/m | 温度/℃ | 平均地温梯度/(℃/100 m) |
|---|---|---|---|
| 中心医院 | 1 305 | 61 | 3.48 |
| 东村温泉 | 1 320 | 60 | 3.36 |
| 天泉洗浴 | 1 161 | 53 | 3.21 |
| 安澜生态园 | 2 089 | 72 | 2.67 |

取平均值 $\Delta T/\Delta H = 3.07$ ℃/100 m 代表调查区储层的平均地温梯度。

**(五)深部热储温度推断**

根据研究区水文地质条件情况,采用地温梯度推断法,利用热储上部的地温梯度推算深部热储温度。

计算公式为:

$$t = (d - h) \times \Delta t/\Delta h + t_0 \tag{4-5}$$

式中　$t$——热储温度,℃;

$d$——热储埋藏深度,m;

$h$——常温带埋藏深度,m;

$\Delta t/\Delta h$——地温梯度,℃/100 m;

$t_0$——常温带温度,℃。

根据式(4-5)对研究区地热井不同热储温度进行计算,获得不同埋藏深度处的热储温度(见表 4-4)。

**表 4-4　调查区平均地温梯度统计**

| 名称 | 平均地温梯度/(℃/100 m) | 推测深度/m | 推测温度/℃ |
|---|---|---|---|
| 三义寨村矿泉水井 | 3.44 | 3 000 | 102 |
| 兰考凤凰城小区 | 2.97 | 3 000 | 88 |
| 东坝头乡洗浴中心 | 2.92 | 3 000 | 87 |
| 桐乡会所 | 3.18 | 3 000 | 94 |
| 清华园小区 | 3.12 | 3 000 | 93 |
| 星钻小区 | 2.84 | 3 000 | 84 |

续表 4-4

| 名称 | 平均地温梯度/(℃/100 m) | 推测深度/m | 推测温度/℃ |
| --- | --- | --- | --- |
| 中原石油局 1 | 2. 79 | 3 000 | 83 |
| 中原石油局 2 | 2. 79 | 3 000 | 83 |
| 康桥名郡小区 | 3. 27 | 3 000 | 97 |
| 维康冻干食品有限公司 | 2. 79 | 3 000 | 83 |
| 蓝翔酒业 | 3. 23 | 3 000 | 96 |
| 中心医院 | 3. 48 | 3 000 | 103 |
| 东村温泉 | 3. 36 | 3 000 | 100 |
| 天泉洗浴 | 3. 21 | 3 000 | 95 |
| 安澜生态园 | 2. 67 | 3 000 | 80 |
| 兰考职业技术学院探采 1 井 | 2. 99 | 3 000 | 89 |
| 兰考职业技术学院探采 2 井 | 2. 81 | 3 000 | 84 |
| 兰考职业技术学院探采 3 井 | 2. 60 | 3 000 | 78 |
| 兰考职业技术学院探采 4 井 | 2. 73 | 3 000 | 82 |

### (六)热储温度垂向分布特征

垂向上地温梯度值基本上随着深度的增加而减小,主要是地层岩性不同影响着岩石热导率的变化,而地温梯度与岩石的热导率成反比(一般白云岩热导率高于泥灰岩和石英砂岩,而泥灰岩和石英砂岩热导率高于砂岩、泥岩)。根据调查区地层的分布特征分析,第四系泥质成分较多,结构松散,孔隙度小,所以热导率也较小;新近系地层砂岩成分较第四系增多,成岩性及密度增大,热导率也相应增加。另外,地下水的流动提高了岩石的导热性,使梯度值变小,从而表明地温场的垂向变化主要随着地层岩性和地下水活动变化。同时地温的垂向变化还受导水导热断裂的影响,这种变化规律反映了传导型地热田的特征。

## 三、地热资源计算

### (一)参数选取

各参数选取结果见表 4-5。

表 4-5　计算参数选取

| 参数 | | 新近系明化镇组热储调查区 | 新近系馆陶组热储调查区 |
|---|---|---|---|
| 热储面积 $A/km^2$ | | 280 | 280 |
| 热储厚度 $M/m$ | | 99.6 | 320.7 |
| 开采年限/a | | 100 | 100 |
| 比热/[J/(kg·℃)] | 岩层 $C_c$ | 878 | 878 |
| | 热水 $C_w$ | 4 180 | 4 180 |
| 密度/($kg/m^3$) | 岩层 $\rho_c$ | 2 600 | 2 600 |
| | 热水 $\rho_w$ | 1 000 | 1 000 |
| 孔隙度 $\varphi$/% | | 23 | 23 |
| 渗透系数 $K$/(m/d) | | 1.01 | 1.22 |
| 弹性释水系数 $\mu$ | | 0.001 73 | 0.047 2 |
| 热储温度 $t$/℃ | | 61 | 72 |
| 水头高度/m | | 1 117 | 1 620.2 |

## （二）地热储量计算

1. 热储层可采热能储量

热储层地热流体热能储量采用储存量法进行计算。其计算公式如下：

$$Q_R = CAd(t_r - t_0) \tag{4-6}$$

式中　$Q_R$——埋藏在地下热储层中储存的热能总量，J；

$A$——计算区面积，$m^2$；

$d$——热储层厚度，m；

$t_r$——热储层温度，℃；

$t_0$——当地恒温带温度，℃；

$C$——热储岩石和水的平均比热容，J/($m^3$·℃)。

$$C = \rho_c C_c (1 - \varphi) + \rho_w C_w \varphi \tag{4-7}$$

式中　$\rho_c$、$\rho_w$——岩石和水的密度，$kg/m^3$；

$C_c$、$C_w$——岩石和水的比热，J/(kg·℃)；

$\varphi$——热储岩石孔隙度。

2. 热储层地热流体热能储量

1）地热水总储存量

地热水储存量可分为静储量和弹性储存量。

$$Q_L = Q_1 + Q_2 \tag{4-8}$$

$$Q_1 = A\varphi d \tag{4-9}$$

$$Q_2 = AH\mu \tag{4-10}$$

式中　$Q_L$——热储中储存的水量，$m^3$；

$Q_1$——截至计算时刻，热储孔隙中热水的静储量，$m^3$；

$Q_2$——水位降低到目前取水能力极限深度时热储所释放的水量，$m^3$；

$A$——热储面积，$m^2$；

$d$——热储层厚度，m；

$\varphi$——热储层岩石的孔隙度；

$H$——热储层顶板算起压力水头高度，m；

$\mu$——弹性释水系数。

2）水中储存的热量

$$Q_w = Q_L C_w \rho_w (t_r - t_0) \tag{4-11}$$

式中　$Q_w$——水中储存的热量，J；

$Q_L$——热储中储存的水量，$m^3$；

$\rho_w$——水的密度，$kg/m^3$；

$C_w$——水的比热，J/(kg·℃)；

$t_r$——热储层温度，℃；

$t_0$——当地年平均气温，℃。

**（三）计算结果**

1. 热储法计算结果

计算新近系明化镇组热储中储存的热量（$Q_R$）共计 $2.62\times10^{18}$ J，新近系馆陶组热储中储存的热量（$Q_R$）共计 $1.02\times10^{19}$ J，见表 4-6。

**表 4-6　热储层热能储量计算结果**

| 地层 | 热储中储存的热量 $Q_R$/J |
| --- | --- |
| 新近系明化镇组 | $2.62\times10^{18}$ |
| 新近系馆陶组 | $1.02\times10^{19}$ |

2. 储存量法计算结果

计算新近系明化镇组热储中热水储存量($Q_L$)为 $5.2\times10^9$ $m^3$,水中储存的热量为 $1.01\times10^{18}$ J;新近系馆陶组热储中热水储存量($Q_L$)为 $3.28\times10^{10}$ $m^3$,水中储存的热量为 $7.55\times10^{18}$ J,见表 4-7。

**表 4-7　热储层地热流体热能储量计算结果**

| 地层 | 热储中热水储存量 $Q_L/m^3$ | 水中储存的热量 $Q_w$/J |
|---|---|---|
| 新近系明化镇组 | $5.2\times10^9$ | $1.01\times10^{18}$ |
| 新近系馆陶组 | $3.28\times10^{10}$ | $7.55\times10^{18}$ |

需要说明的是,这里仅计算各热储层中含有的热量,对黏土层中热量没有计算,主要原因是考虑黏土的透水性差,其中的热量不能以水为载体被开采出来,故计算时没有考虑这部分的热量。

## 四、地热资源化学特征

地热流体与地下冷水相比,地热流体由于温度较高,在与围岩的化学反应和溶滤作用下,其中溶解的化学成分较为复杂,矿化度较高(深部)。因地下热水化学成分和热储温度有着密切的关系,采用地热地球化学方法在研究和利用地热资源方面得到广泛的应用。本次采用水文地球化学方法,研究地热流体的化学成分特征。

### (一)地热流体化学成分特征

1. 地热流体水化学类型特征

从地热流体水文地球化学特征研究结果可知,K、Na、Ca、Mg、$SO_4^{2-}$、$CO_3^{2-}$、$HCO_3^-$、$SiO_2$ 等常量组分及 Li、Rb、Sr、$HBO_2$、Hg、As、Br、I 等微量组分分别受热水温度控制,可用来区分热水和冷水。据调查区内地热流体水质化验成果及收集资料分析(见表 4-8),按舒卡列夫分类法进行分类,该区地热流体化学类型特征分述如下。

1)浅层地下水及地表水水化学类型

浅层地下水及地表水的水化学类型以 $HCO_3$ · Cl-Na · Mg 型、$HCO_3$-Na · Ca · Mg 型、$HCO_3$ · Cl-Na 型为主,pH 值一般 7.12~8.50,属弱碱性水。地表水取样点兰阳湖水硬度 287,属中硬水;浅层取样点王庄村地下水硬度 530,属高硬水;二坝寨村地下水硬度 348,属中硬水;兰考县三义寨水厂地下水硬度 48,属极软水。可溶性总固体一般 457~838.05 mg/L。阴离子以重碳酸及氯离子为主,阳离子以钠、钙离子及镁离子为主。$H_2SiO_3$ 含量一般 1.3~22.2 mg/L。

2)新近系明化镇组热储层地热流体水化学特征

新近系明化镇组热储地热流体的水化学类型以 $HCO_3$·Cl-Na 型为主,少数属于 $HCO_3$·$SO_4$·Cl-Na 型,pH 值一般 8.0~8.25,属弱碱性水;硬度一般 27.5~50 mg/L,属软水;可溶性总固体一般 1 380.2~1 896.71 mg/L。阴离子以重碳酸及氯离子为主,阳离子以钠离子为主。$H_2SiO_3$ 含量一般 32.5~36.4 mg/L。

3)新近系馆陶组热储层地热流体水化学特征

新近系馆陶组热储地热流体的水化学类型以 Cl-Na 型为主,pH 值一般 7.5~8.1,属弱碱性水;硬度一般 1 750.5~2 235 mg/L,属特硬水;可溶性总固体一般 13 921.91~15 091.55 mg/L。阴离子以氯离子为主,阳离子以钠离子为主。$H_2SiO_3$ 含量一般 39~48.1 mg/L。通过本次水化学分析数据,新近系馆陶组热储层地热流体溶解性总固体极高,推断该热储层中地热流体补给循环速率极慢,为地质历史时期所存留下的古地下水。

通过对比分析,相同热储层之间水化学成分变化不大,说明调查区同一热储层水平方向上的水力联系密切。同时,新近系明化镇组热储地热流体和新近系馆陶组地热流体水化学成分差别较大,不同热储层之间水力联系较弱;浅层地下水、地表水水化学成分和地热水水化学成分差别较大,说明浅层地下水、地表水和深层地下水水力联系较弱。

2. 地热流体水化学分布特征

根据已成井地热流体化学分析成果,在平面上,调查区新近系明化镇组热储地热流体化学类型以 $HCO_3$·Cl-Na 型为主,新近系馆陶组热储地热流体化学类型以 Cl-Na 型为主。根据勘查区内不同深度地热井的水化学分析资料可知,在 150~2 200 m 深度内的热储中地热流体化学成分在纵向上的分布有以下特点:

(1)阳离子 $K^+$、$Na^+$ 有随埋深增加(温度升高)而增大的趋势,而 $Ca^{2+}$ 和 $Mg^{2+}$ 则有随深度加深而减小的趋势。这种 $K^+$、$Na^+$ 含量随着深度的增加增大,$Ca^{2+}$ 和 $Mg^{2+}$ 含量随深度加深而减小的特征,主要是由于随着温度的增高,热水中的 $Ca^{2+}$、$Mg^{2+}$ 置换围岩中的 $K^+$、$Na^+$ 的结果。

**表 4-8　地热流体的水化学分析成果**

| 层位 | 井位 | 井深/m | pH | 总硬度/(mg/L) | 溶解总固体/(mg/L) | 矿化度/(mg/L) | 水化学类型 |
|---|---|---|---|---|---|---|---|
| 浅层地下水及地表水 | 兰阳湖 | 0 | 8.50 | 287.0 | 838.05 | 1 009.21 | $HCO_3$ · Cl–Na · Mg |
| | 王庄村 | 50 | 7.12 | 530.0 | 741.00 | 1 098.50 | $HCO_3$–Na · Ca · Mg |
| | 二坝寨村 | 35 | 7.56 | 348.0 | 457.00 | 726.00 | $HCO_3$–Na · Ca · Mg |
| | 兰考县三义寨水厂 | 205 | 8.33 | 48.0 | 711.00 | 886.00 | $HCO_3$ · Cl–Na |
| 新近系明化镇组热储 | 康桥名郡 | 1 210 | 8.25 | 50.0 | 1 821.21 | 2 112.58 | $HCO_3$ · $SO_4$ · Cl–Na |
| | 天泉洗浴 | 1 161 | 8.10 | 27.5 | 1 380.20 | 1 688.96 | $HCO_3$ · Cl–Na |
| | 凤凰城 | 1 152 | 8.10 | 34.5 | 1 594.65 | 1 871.68 | $HCO_3$ · Cl–Na |
| | 星钻小区 | 1 240 | 8.22 | 45.6 | 1 643.70 | 1 914.88 | $HCO_3$ · Cl–Na |
| | 中心医院 | 1 305 | 8.00 | 33.5 | 1 896.71 | 2 172.21 | $HCO_3$ · Cl–Na |
| | 蓝翔酒业 | 1 000 | 8.10 | 37.5 | 1 706.80 | 1 840.27 | $HCO_3$ · Cl–Na |
| | 朝阳水苑 | 1 246 | 8.70 | 50.0 | 1 011.21 | 1 946.31 | $HCO_3$ · $SO_4$ · Cl–Na |
| 新近系馆陶组热储 | 商业中心 | 2 200 | 8.10 | 2 156.0 | 14 573.94 | 14 533.30 | Cl–Na |
| | 技术学院 | 2 120 | 8.00 | 2 172.0 | 14 743.74 | 14 638.88 | Cl–Na |
| | 波士顿中心 | 2 200 | 8.10 | 2 203.5 | 15 091.55 | 14 660.66 | Cl–Na |
| | 油田六社区 | 1 980 | 8.10 | 2 235.0 | 14 900.33 | 14 786.11 | Cl–Na |
| | 未来城 | 2 200 | 7.88 | 2 109.0 | 14 836.05 | 14 836.05 | Cl–Na |
| | 蓝湾国际 | 2 200 | 7.50 | 2 077.5 | 14 402.77 | 14 402.77 | Cl–Na |
| | 九润泓郡 | 2 200 | 7.60 | 2 140.5 | 14 359.20 | 14 359.20 | Cl–Na |
| | 西城花园 | 2 200 | 7.70 | 2 140.5 | 14 693.55 | 14 693.55 | Cl–Na |
| | 凤凰城 | 2 200 | 7.90 | 2 172.0 | 14 477.25 | 14 477.25 | Cl–Na |
| | 安澜生态园 | 2 089 | 7.30 | 1 750.5 | 13 921.91 | 13 921.91 | Cl–Na |

续表 4-8

| 层位 | $K^++Na^+$ | $Ca^{2+}$ | $Mg^{2+}$ | $Cl^-$ | $SO_4^{2-}$ | $HCO_3^-$ | $F^-$ | $H_2SiO_3$ | Sr |
|---|---|---|---|---|---|---|---|---|---|
| 浅层地下水及地表水 | 216. 09 | 22. 44 | 56. 13 | 183. 28 | 156. 1 | 342. 32 | 1. 20 | 1. 30 | 0. 70 |
| | 103. 77 | 134. 00 | 46. 16 | 58. 30 | 30. 10 | 715. 00 | 0. 29 | 22. 20 | — |
| | 74. 37 | 52. 60 | 51. 00 | 13. 00 | 4. 00 | 538. 00 | 1. 93 | 18. 40 | — |
| | 280. 08 | 7. 98 | 6. 94 | 146. 00 | 81. 50 | 350. 00 | 1. 60 | 17. 50 | — |
| 新近系明化镇组热储 | 651. 80 | 10. 02 | 6. 08 | 427. 17 | 431. 31 | 582. 74 | 2. 20 | 32. 50 | 0. 59 |
| | 513. 00 | 6. 92 | 2. 46 | 310. 19 | 253. 83 | 617. 52 | 2. 00 | 35. 10 | 0. 37 |
| | 603. 46 | 8. 67 | 3. 13 | 427. 88 | 271. 85 | 554. 06 | 2. 08 | 36. 40 | 0. 41 |
| | 618. 00 | 9. 14 | 5. 54 | 362. 23 | 272. 04 | 642. 36 | 1. 88 | 34. 79 | — |
| | 705. 62 | 13. 36 | 0 | 538. 84 | 360. 22 | 551. 01 | 1. 76 | 35. 10 | 0. 47 |
| | 586. 73 | 5. 01 | 6. 08 | 393. 85 | 280. 50 | 568. 10 | — | — | — |
| | 658. 31 | 10. 02 | 6. 08 | 405. 55 | 336. 21 | 479. 01 | 1. 68 | 35. 1 | 0. 38 |
| 新近系馆陶组热储 | 4 709. 30 | 801. 60 | 37. 91 | 8 026. 23 | 810. 75 | 139. 74 | 0. 70 | 39. 00 | 32. 16 |
| | 4 744. 70 | 807. 41 | 38. 27 | 8 288. 21 | 695. 47 | 118. 38 | 0. 50 | 44. 20 | 31. 10 |
| | 4 864. 76 | 756. 91 | 76. 54 | 8 549. 83 | 665. 22 | 124. 48 | 0. 48 | 42. 90 | 21. 89 |
| | 4 766. 90 | 794. 79 | 61. 24 | 8 331. 81 | 755. 99 | 136. 68 | 0. 48 | 42. 90 | 23. 86 |
| | 4 787. 90 | 752. 16 | 38. 27 | 8 244. 25 | 786. 25 | 142. 79 | 0. 48 | 45. 50 | 21. 89 |
| | 4 749. 13 | 719. 04 | 68. 89 | 7 982. 63 | 695. 47 | 136. 68 | 0. 50 | 42. 90 | 32. 97 |
| | 4 450. 00 | 744. 29 | 68. 89 | 7 982. 63 | 786. 25 | 142. 79 | 0. 50 | 44. 20 | 34. 64 |
| | 4 869. 80 | 756. 91 | 61. 24 | 8 113. 44 | 695. 47 | 142. 79 | 0. 48 | 44. 20 | 34. 80 |
| | 4 674. 80 | 756. 91 | 68. 89 | 8 113. 44 | 665. 22 | 146. 45 | 0. 50 | 44. 20 | 33. 37 |
| | 4 603. 00 | 594. 19 | 65. 12 | 7 728. 81 | 721. 89 | 155. 60 | 0. 54 | 48. 10 | 59. 10 |

(2)阴离子 $Cl^-$、$SO_4^{2-}$ 及 $HCO_3^-$ 浓度随着埋深的增加有明显增大的趋势。

(3) $H_2SiO_3$、微量元素 $F^-$ 的含量均符合《食品安全国家标准 饮用天然矿泉水》(GB 8537—2018)的水质要求。$H_2SiO_3$ 含量随着深度的增加有增大的趋势,微量元素 $F^-$ 的含量随着深度的增加有减小的趋势。

(4)溶解性总固体、矿化度随着深度的增加而增大,这表明随着深度的增加,离子总和不断增加。

**(二)地热流体化学成分动态特征**

1. 新近系明化镇组热储地热流体化学成分动态特征

通过收集以往不同年份地热井资料,对其中的地热流体化学测试成果进行对比分析,显示在开采条件下新近系明化镇组热储层地热流体化学成分没有明显的变化,这说明该热储层的水化学成分基本不随开采时间发生变化(见表 4-9)。

**表 4-9　新近系明化镇组热储地热流体主要化学成分**　　单位:mg/L

| 井位 | 年份 | 溶解总固体 | $K^++Na^+$ | $Ca^{2+}$ | $Mg^{2+}$ | $Cl^-$ | $SO_4^{2-}$ | $HCO_3^-$ | $F^-$ | $H_2SiO_3$ | Sr |
|---|---|---|---|---|---|---|---|---|---|---|---|
| 天泉洗浴 | 2010 | 1 380. 20 | 513. 00 | 6. 92 | 2. 46 | 310. 19 | 253. 83 | 617. 52 | 2. 00 | 35. 10 | 0. 37 |
| 凤凰城 | 2011 | 1 594. 65 | 603. 46 | 8. 67 | 3. 13 | 427. 88 | 271. 85 | 554. 06 | 2. 08 | 36. 40 | 0. 41 |
| 康桥名郡 | 2013 | 1 821. 21 | 651. 80 | 10. 02 | 6. 08 | 427. 17 | 431. 31 | 582. 74 | 2. 20 | 32. 50 | 0. 59 |
| 朝阳水苑 | 2017 | 1 011. 21 | 658. 31 | 10. 02 | 6. 08 | 405. 55 | 336. 21 | 479. 01 | 1. 68 | 35. 10 | 0. 38 |

2. 新近系馆陶组热储地热流体化学成分动态特征

通过对比油田六社区 1 号井 2015 年与 2017 年地热流体水质分析成果,显示其各项水化学特征并无明显变化,说明新近系馆陶组热储层的水化学成分基本不随开采时间发生变化,同时也表明逐年开采后该热储层仍维持开采前的水化学平衡状态,即开采过程中各热储层间没有接受近期大气降水的补给(见表 4-10)。

**表 4-10　新近系馆陶组热储地热流体主要化学成分**　　单位:mg/L

| 井位 | 年份 | 溶解总固体 | $K^++Na^+$ | $Ca^{2+}$ | $Mg^{2+}$ | $Cl^-$ | $SO_4^{2-}$ | $HCO_3^-$ | $F^-$ | $H_2SiO_3$ | Sr |
|---|---|---|---|---|---|---|---|---|---|---|---|
| 油田六社区 1 号井 | 2015 | 14 786. 11 | 4 766. 90 | 794. 79 | 61. 24 | 8 331. 81 | 755. 99 | 136. 68 | 0. 48 | 42. 90 | 23. 86 |
| | 2017 | 15 091. 55 | 4 864. 76 | 756. 91 | 76. 54 | 8 549. 83 | 665. 22 | 124. 48 | 0. 48 | 42. 90 | 28. 20 |

# 第五章　其他地质资源开发利用现状

## 第一节　矿产资源

兰考县矿产资源主要为建筑用砂资源，这里所述的粉细砂仅可用于砌砖砂浆和墙面砂浆，而不能用于水泥混凝土细骨料。

大体可划分为两种成因类型，其一为全新统风积沙，其二为全新统冲积沙。

### 一、全新统风积沙

全新统风积沙主要分布于兰考县南部的范楼村—司野村—狮子固一带，由风的吹扬和堆积作用形成的、高出周围地面的沙地、沙丘和沙岗，沙丘高度2~5 m不等，由粉砂和粉细砂组成，质地洁净，很少黏土成分，可用作墙面和砌砖砂浆用沙资源。

沙丘既不能作为耕地用于农作物种植，还为风季风力作用提供沙源造成扬尘，恶化空气质量，给居民生活造成不便。如果作为沙资源开采，既解决了部分建筑用砂资源问题，又可削平沙丘、增加耕地，同时对改善空气质量也具有一定的积极意义。

### 二、全新统冲积沙

全新统冲积沙主要分布于兰考县西北的夹河滩—丁疙瘩—张庄村一带的黄河滩地，由丰水期黄河挟带粉—细砂沉积而成，多为劣质或荒废土地。部分区段砂质洁净，很少黏土成分，完全可以作为墙面和砌砖砂浆用砂资源。

如果作为砂资源开采，既解决了建筑用砂资源短缺问题，又可移去以往黄河滩地堆积物，为黄河下次丰水期沉积腾出沉积空间，对减缓悬河淤积也具有一定的积极意义。

因此，建议相关部门对该类资源的合理利用进行规划，通过适当的踏勘了解和评价，筛选合适地点进行有节制的开采，变害为益，造福于社会与民众。

## 第二节　旅游地质资源

东坝头黄河湾风景区:黄河兰考段是九曲黄河最后一个大拐弯处,呈“U”字形,因地势险要,素有“豆腐腰”之称。宽阔的黄河河道和200多亩适宜垂钓的滩地水面,十余里贯穿绿树田畴、野花飘香、风光优美的黄河大堤,区内有滩涂湿地、沙丘沙岗等,该河段为黄河标志性景观之一。毛泽东曾于1952年、1958年两次到此视察,并向全国发出了“要把黄河的事情办好”的伟大号召。

东坝头黄河大拐弯有着独特的地理位置。首先,黄河流经广阔的黄土高原,土质疏松,易侵蚀产沙,加之汛期暴雨集中挟带大量泥沙汇入黄河,产生高含沙洪水,直冲下游,且沿程落淤,引起河床淤积升高,于是地下河依次演变为“地上悬河”,为黄河改道创造基础地质条件。

其次,黄淮平原虽为沉降性断块,但南北两部分活动方式不尽一致,北部平原为裂谷,以水平拉张运动为主,且向东南方向滑移,形成一系列北东向张裂沉降带与相对抬升的隆起带,前者称为裂谷带,后者称为断隆带。黄河明清故道行河至黄骅裂谷带,至兰考折向东南入济阳裂谷带,但自铜瓦厢改道后,大河折向东北,行河于黄骅裂谷带南段,至东高明村斜切菏泽断隆进入济阳裂谷带,形成如今所见的黄河大拐弯。因此,海黄裂谷对黄河流路的自然选择是具有导控作用的。

综上所述,开发东坝头地质遗迹资源对了解黄河变迁历史、了解黄淮平原的构造有着至关重要的意义。

# 第三篇　城市地质环境

## 第六章　城市环境地质问题

### 第一节　原生劣质水分布

一、原生劣质水分布区域

根据《生活饮用水卫生标准》(GB 5749—2022)水质常规指标及限值,小于或等于限值的为可饮用水,大于限值的为劣质水。再按《地下水质量标准》(GB/T 14848—2017)的分类,把劣质地下水细分为Ⅳ类和Ⅴ类水。为了叙述方便,超过限值的则简称超标。

**(一)浅层地下水水化学成分分布**

规划区内锰和氟化物含量超标最为严重,超标面积分别为 69.46 $km^2$ 和 15.56 $km^2$,分别占总面积的 33.08%和 7.41%。

其次是铁、总硬度、溶解性总固体和硫酸盐超标较严重,超标面积分别为 5.53 $km^2$、10.12 $km^2$、8.56 $km^2$ 和 1.25 $km^2$,分别占总面积的 2.63%、4.82%、4.08%与 0.60%。

氯化物、亚硝酸盐、硝酸盐、高锰酸盐指数亦有不同程度的超标。其余组分检测情况分述如下:

砷:检出限值为 0.05 mg/L,全区所测样品均有检出,含量 0.000 3~0.071 2 mg/L。其中超标 1 个,分布在城关镇狮子固村(QJSY-11)井,含量为 0.071 2 mg/L,属劣质水Ⅴ类。

硒:检出限值为 0.01 mg/L,全区所测样品均有检出,含量 0.000 1~0.000 4 mg/L,均不超标。

汞:检出限值为 0.001 mg/L,全区所测样品均有检出,含量 0.000 01~0.000 1 mg/L,均不超标。

镉:检出限值为 0.005 mg/L,全区所测样品均有检出,含量 0.000 01~0.000 5 mg/L,均不超标。

**(二)中深层地下水水化学成分分布**

全区氟化物含量超标最为严重,根据本次对研究区内深井取样结果及以往资料分析可知,研究区深层地下水大部分区域均为劣质水Ⅳ类,其中在研究区南部司野村及周边区域为劣质水Ⅴ类。

其次是硫酸盐、铁离子及锰离子含量在区内也有不同程度的超标。硫酸盐超标劣质水分布区域主要在研究区南部司野村等区域,一般为劣质水Ⅳ类,分布面积约 9.66 $km^2$,占总面积的 4.6%;铁离子超标劣质水分布区域主要在研究区东部西岗头等区域,一般为劣质水Ⅳ类,分布面积约 13.73 $km^2$,占总面积的 6.5%。锰含量超标的有一个井,呈零星点状分布,分布在城关镇金营村,含量为 0.31 mg/L,为劣质水Ⅳ类。

氰化物在本次样品检测中零星分布于南部区域,一般为劣质水Ⅳ类。其余均有检出,分述如下:

铅:检出限值为 0.01 mg/L,全区所测样品均有检出,含量 0.000 1~0.002 5 mg/L,均不超标。

砷:检出限值为 0.05 mg/L,全区所测样品均有检出,含量 0.001 3~0.003 8 mg/L,均不超标。

硒:检出限值为 0.01 mg/L,全区所测样品均有检出,含量 0.000 1~0.000 4 mg/L,均不超标。

汞:检出限值为 0.001 mg/L,全区所测样品均有检出,含量 0.000 01~0.000 1 mg/L,均不超标。

镉:检出限值为 0.005 mg/L,全区所测样品均有检出,含量 0.000 1~0.000 5 mg/L,均不超标。

## 二、原生劣质水分布规律及成因分析

如前所述,研究区浅层及中深层地下水水质均较差,地下水中的多项化学成分超标,主要超标因子有铁、锰、氟化物、溶解性总固体、总硬度等。从历史水质资料来看,这些水化学成分都较高,为地质历史时期形成的原生组分,兰考县也成为典型的原生劣质地下水分布地区。现根据其分布规律，参考河南省地质环境监测院2010年提交的《河南省兰考县原生劣质水引用地下水勘察报告》研究成果，对研究区原生劣质地下水主要超标化学组分的成因进行初步分析。

### （一）高铁水分布规律及成因分析

1. 分布规律

浅层和中深层含水层中铁含量超标的地下水均有分布，浅层劣质地下水中铁含量0.038～0.927 mg/L，中深层劣质地下水中铁含量为0.005～0.346 mg/L。相对而言，浅层地下水铁超标更严重，其超标面积和超标倍数均比中深层地下水多。

2. 成因分析

Fe的超标与区内古地理沉积环境密切相关，研究区新近纪以来气候变化频繁，经历了冰期与间冰期的冷暖交替、还原与氧化环境的更迭。Fe是变价元素，在氧化环境中形成难溶的化合物，不易迁移，但在还原环境中能形成易溶的化合物，迁移能力明显增强。根据本次取样现场实测结果，区内地下水氧化还原电位（Eh值）一般介于-175.5～206.3 mV，铁含量有随着Eh值增大逐渐降低的趋势。在表层土壤有机质中厌氧细菌的作用下，局部地区浅层地下水处于相对弱还原环境，在这种环境下，有机质可促进铁离子的稳定性。由于降水渗入含有有机质的土壤，经过溶滤作用，溶解地层中的铁氧化物；并且有机质发生厌氧反应，分解产生大量$CO_2$和$H_2S$等还原物质，使铁化合物被还原成可溶性盐；在缺氧环境下有机质分解产生大量$CO_2$，使高价铁继续被还原并形成重碳酸亚铁而溶于水离解出$Fe^{2+}$。然后在强氧化环境下，$Fe^{2+}$可被转化为$Fe^{3+}$，随着地下水的流动，$Fe^{3+}$在地下水中聚集，形成了研究区局部地方铁含量超标的现象。

另外，人类活动造成的污水进入地下水中激发地层中的铁和某些组分发生交换使铁含量升高。浅层地下水受人类活动影响更大，相对更容易遭受污染，使铁含量升高，这可能也是浅层地下水较中深层地下水铁超标更严重的原因之一。

### （二）高锰水分布规律及成因分析

1. 分布规律

浅层和中深层含水层中锰含量超标的地下水均有分布，主要分布于浅层地下水中。浅层劣质地下水中锰含量0.091～0.528 mg/L，多为劣质水Ⅳ类水区；锰超标的中深层地下水均分布在50～100 m层段的含水层中，锰含量为

0.3 mg/L,为劣质水Ⅳ类水。

2. 成因分析

锰形成原因和铁基本相同。另外,污水中的有机质属较强的还原剂,可将土壤中的高价锰还原为二价锰,同时,有机微生物降解反应产生 $CO_2$,二价锰在水中与 $CO_2$ 发生作用而溶解,造成锰含量升高。

**(三)高氟水分布规律及成因分析**

1. 分布规律

高氟水超标范围分布较为广泛,浅层和中深层含水层中氟含量超标的地下水均有分布。浅层劣质地下水中氟化物含量 1.22~1.93 mg/L,主要分布于研究区三义寨乡—薛楼村一带。中深层地下水的氟化物含量具有明显的垂向分层特征,总体表现为上部(50~300 m)劣质水分布面积大,下部(300~600 m)劣质水分布面积相对较小;其含量表现出上部(50~300 m)与下部(500~600 m)相对较低、中间(300~500 m)相对较高的特征,平均含量分别为 1.24 mg/L、1.31 mg/L、2.23 mg/L。

2. 成因分析

地下水中的氟化物主要来源是土层中氟化物。从本次钻孔所取土样的分析结果来看,区内土层中氟化物含量较地下水中含量高出许多,因此部分氟化物被地下水所溶解,导致氟化物含量增高。对于松散沉积物而言,其氟化物含量与颗粒粗细关系密切,颗粒越细则总氟化物和水溶性氟化物越高,而且水溶性氟化物与总氟化物的比值也越大,因此细颗粒的沉积物(黏粒和粉粒)为地下水中氟化物来源提供了丰富的物质基础。水文地质条件是造成区内地下水氟超标的主要原因,由于研究区地处黄河泛流冲积平原,在黄河古河道泛流带、间带和低洼地带,浅层地下水径流条件差,氟离子相对富集,易溶于水,致使浅层水氟化物含量升高;而沉积地层结构在垂向上的差异性造成了中深地下水径流条件的不同,在径流滞缓、封闭较好的碱性环境中,氟离子容易被保存和富集,使区内中深层水氟化物含量增高。

**(四)咸水(溶解性总固体超标)分布规律及成因分析**

1. 分布规律

咸水主要指溶解性总固体含量超标,其分布范围较为广泛。浅层劣质地下水中溶解性总固体含量为 427~1 660 mg/L,为微咸水和半咸水。20 世纪六七十年代以前,由于浅层地下水开采量较小,水位埋深浅,径流缓慢,地下水蒸发量大,造成盐分积累,出现大面积的盐碱地。随后经过加大地下水开采力度,改善了地下水径流条件,水质有所改善,使咸水界面下降,水化学类型、溶解性总固体相继发生变化，盐碱地逐渐减少和消失，目前溶解性总固体超标的劣质水区面积占总面积的4.08%，主要分布在地下水埋深较浅的古河道间带和洼地。中深层劣质地下水中溶解性总固体含量为640～950 mg/L。总体上，300 m以浅中深层地下水中溶解性总固体含量随深度增加有减少的趋势，300～600 m地下水溶解性总固体含量一般小于1 000 mg/L。

2. 成因分析

溶解性总固体是指水中除悬浮物和气体外所有溶解组分的总和，包括水中的离子、分子及络合物。黄河多次泛滥改道造成地层叠置，岩相变化复杂，一些地区的含水层呈半封闭或封闭的透镜体，形成不连续的埋藏洼地，长期汇水与蒸发浓缩，造成各种离子、分子及络合物增加，导致溶解性总固体含量升高，最终形成矿化度较高的地下咸水。

**（五）总硬度分布规律及超标成因分析**

1. 分布规律

浅层地下水总硬度超标范围分布较为广泛，中深层地下水总硬度除个别地点外基本不超标。浅层劣质地下水中总硬度含量556.44～2 273.82 mg/L，中深层劣质地下水中的总硬度含量554.44～812.57 mg/L。

2. 成因分析

水中的硬度反映了水中多价金属离子含量的总和。这些离子包含$Ca^{2+}$、$Mg^{2+}$、$Sr^{2+}$、$Fe^{2+}$、$Fe^{3+}$、$Al^{3+}$、$Mn^{2+}$、$Ba^{2+}$等。与$Ca^{2+}$和$Mg^{2+}$相比，其他多价金属离子含量很少，因此天然水的硬度主要是由$Ca^{2+}$和$Mg^{2+}$引起的。在本区，因铁、锰等金属离子含量增高及人类活动诱发地层的$Ca^{2+}$交换增大，导致地下水总硬度增高。

## 第二节　地质灾害

本次城市地质综合调查地质灾害部分主要依据《地质灾害危险性评估规范》（DZ/T 0286—2015）要求，地质灾害危险性评估的灾种主要包括滑坡、崩塌、泥石流、岩溶塌陷、采空塌陷、地裂缝、地面沉降等。

本次野外调查和访问，发现兰考县调查区内未发现滑坡、崩塌、泥石流、岩溶塌陷、采空塌陷、地裂缝、地面沉降等灾害。

但随着城市的扩大发展、人口的继续增加，用水需求的日益增大，在城关镇附近，现已形成一小型中深层地下水降深漏斗，漏斗分布区主要为城关镇，即邓漫、姜楼村和张氏寨及古寨村一带，面积约73.75 $km^2$。主要原因为过量开采地下水，动用地下水的储存量，使地下水量得不到补充，导致地下水水位下降。伴随着地下水水位的持续下降，则存在引发及遭受地面沉降地质灾害的可能性，建议对漏斗所在区域进行长期地面沉降观测。

## 第三节　其他环境地质问题

### 一、特殊不良岩土体（淤泥质土）

淤泥质土是湖沼河流静水或非常缓慢的流水环境中沉积的一种富含有机质、疏松软弱的黏性土，为软土。其最大特点是含水量高，孔隙比大，压缩性大，强度低，渗透系数小，并有触变液化的特性。

通过本次调查及工程地质钻探，在兰考县规划区内淤泥质土主要沿兰考县三义寨乡向南呈条带状分布，即三义寨东村—管寨村—侯寨村—邓漫村—曹新庄村之间的地区，地貌单元位于背河洼地。区内的软土，其总体特征为灰色、青灰色、灰黑色、黑色为主的淤泥质粉质黏土，主要为河湖相沉积。孔隙比一般大于1.0，含水量大于30%，有机质含量一般小于5%，局部含量为10%～38.4%，地基土承载力为70～110 kPa。淤泥质土依据软土分布段的垂向结构分为单层、双层和三层软土分布工程地质段。单层软土顶板埋深1.6～10.5 m、底板埋深4.3～15 m不等，沉积厚度1.3～7.9 m不等；双层软土上层软土顶板埋深4.5 m、厚度2.8～4.0 m，下层软土埋深7.9～10.5 m、厚度1.3～6.2 m；三层软土，上层软土顶板埋深2.0～5.4 m、厚度1.4～4.6 m，中层软土顶板埋深7.8～10.5 m、厚度1.6～3.5 m，下层软土埋深9.9～20.0 m、厚度1.1～3.1 m。

淤泥质土的危害主要表现在：压缩性大，易导致地基产生不均匀沉降，使建筑物产生裂缝、倾斜；透水性低，抗剪强度小，在剪切应力长期作用下，土体易发生流变性，抗滑稳定性差，导致建筑物发生变形倾斜。

### 二、水体污染

研究区内河流主要为黄河及人工渠，人工渠有引黄干渠、兰杞渠、兰商干渠、三义寨渠等，流量普遍较小。

区内黄河水及人工渠水污染较轻，为地表水质量Ⅲ类水；部分坑塘因兰考县工业及生活污水的排放，污染较为严重，达到地表水质量Ⅴ类以上。污染因子为锰、汞、高锰酸盐、硝酸盐、氟化物等。

其他水沟及部分沟渠属于暂时性污染，地表水质量为Ⅴ类水，污染因子为铁、锰、汞、氟化物、高锰酸盐等，属季节性水流，干旱时大部分无水，一部分沟渠主要排泄黄河水用于农业灌溉，呈网状分布，水质污染严重，为地表水质量Ⅴ类、超Ⅴ类水，造成面状水环境恶化。

城市地下水污染的原因主要为工业"三废"的排放。近年来，随着城市工业、乡镇企业的发展，工业污水排入河道，污染地表水体。工业废气、废渣污染物受降水的溶解、冲洗、入渗作用，间接或直接污染地下水。城市垃圾，尤其是工业废渣、生活垃圾也是地下水的主要污染源。城市的工业废水和生活污水排入附近河道。兰考县附近的河道岩性以粉土、粉砂为主，结构松散，河水渗漏强度较大，所以，河道渗漏是造成城市地下水污染的直接原因。兰考县地下水超标因子主要有氟离子、三氮、溶解性总固体、总硬度、硫酸根离子、氯离子、铁、锰等。

# 第七章　城市地质环境评价

## 第一节　地下水环境评价

### 一、评价依据与标准、评价分值计算公式

根据前章所述，兰考县存在原生劣质水，本次地下水质量评价依据《地下水质量标准(GB/T 14848—2017)》及《黄河冲积平原(河南省开封市)地下水环境背景值调查研究》报告中提出的背景值进行，采用单项组分评价和综合评价，单项组分评价按照分类评价标准进行，综合评价在单项评价的基础上按综合指数进行。单项组分评价分值及综合评价分值标准见表 7-1。

**表 7-1　地下水质量评价标准**

| 类别 | Ⅰ | Ⅱ | Ⅲ | Ⅳ | Ⅴ |
|---|---|---|---|---|---|
| 单项组分评价分值 $F_i$ | 0 | 1 | 3 | 6 | 10 |
| 综合评价分值 $F$ | <0.80 | 0.80~<2.50 | 2.50~<4.25 | 4.25~<7.20 | >7.20 |
| 综合评价 | 优良 | 良好 | 较好 | 较差 | 极差 |

综合评价分值计算公式为：

$$F = \sqrt{\frac{\overline{F^2} + F_{\max}^2}{2}} \tag{7-1}$$

$$\overline{F} = \frac{1}{n}\sum_{i=1}^{n} F_i \tag{7-2}$$

式中　$F$——综合评价分值；

$\overline{F}$——各单项组分评价分值 $F_i$ 的平均值；

$F_{\max}$——单项组分评价分值最大值；

$F_i$——单项组分评价分值；

$n$——参加评分的项数。

## 二、地下水质量评价

### (一)浅层地下水质量评价

1. 浅层地下水单因子质量评价

浅层地下水单因子质量评价是把各监测项目的实测值同《地下水质量标准》(GB/T 14848—2017)各类水质标准值进行比较,部分单因子与《黄河冲积平原(河南省开封市)地下水环境背景值调查研究》报告中提出的背景值比较,监测项目的实测值符合几类标准,就定该项目类别为几类,用罗马数字表示。各因子质量分类结果统计见表7-2。

表7-2　地下水综合质量评价结果一览表

| 编号 | 地点 | 综合评价分值 | 质量级别 |
|---|---|---|---|
| QJSY-01 | 兰考县王庄村 | 2.20 | 良好 |
| QJSY-02 | 兰考县二坝寨村 | 2.18 | 良好 |
| QJSY-03 | 兰考县新蔡楼村 | 4.31 | 较差 |
| QJSY-04 | 兰考县三义寨乡 | 2.22 | 良好 |
| QJSY-05 | 兰考县侯寨村 | 2.19 | 良好 |
| QJSY-06 | 兰考县邓曼村 | 4.31 | 较差 |
| QJSY-07 | 兰考县曹新庄村 | 7.15 | 较差 |
| QJSY-08 | 兰考县孟东村 | 2.23 | 良好 |
| QJSY-09 | 兰考县梓岗村 | 2.22 | 良好 |
| QJSY-10 | 兰考县古寨村 | 2.22 | 良好 |
| QJSY-11 | 兰考县狮子固村 | 7.20 | 较差 |
| QJSY-12 | 兰考县盆窑村 | 2.20 | 良好 |
| QJSY-13 | 兰考县南张庄村 | 2.20 | 良好 |
| QJSY-14 | 兰考县西岗头村 | 2.20 | 良好 |

2. 浅层地下水综合质量评价

综合质量评价是根据内梅罗指数计算公式计算出综合评价分值,然后根据地下水质量评价标准确定质量级别。应该指出的是,内梅罗指数计算公式兼顾了多项因子的平均状况及影响最严重的一个水质参数,对地下水质量评价有一定的适用价值,但也存在综合指数偏高、质量级别偏低的问题。

按照综合评价分级表的分级标准,结合地下水环境条件和分布特征,研究区内浅层地下水水质可以划分为水质良好区和水质较差区(见表7-2、图7-1)。造成浅层地下水水质较差的主要超标因子有铵盐、硫酸盐、砷等。

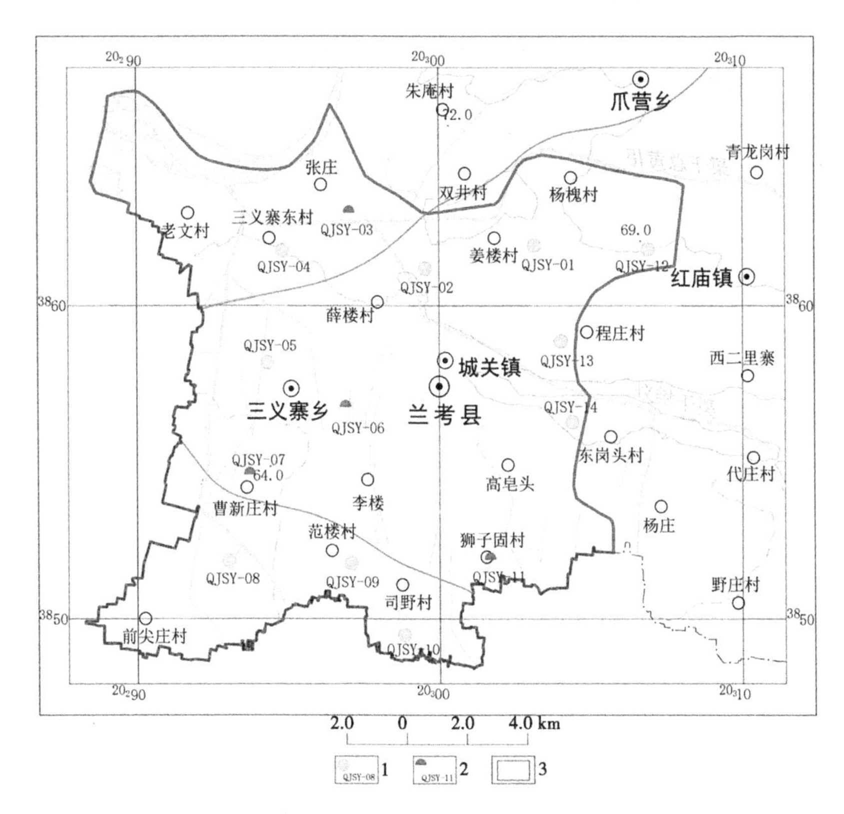


1—地下水质量良好；2—地下水质量较差；3—工作区范围。

**图 7-1　浅层地下水质量评价**

## (二)深层地下水质量评价

1.深层地下水单因子质量评价

深层地下水单因子评价是把各监测项目的实测值，同《地下水质量标准》(GB/T 14848—2017)中各类水质的标准值比较，部分单因子同《黄河冲积平原(河南省开封市)地下水环境背景值调查研究》报告中提出的背景值比较，监测项目的实测值符合几类标准，就定该项目类别为几类，用罗马数字表示。

2.深层地下水综合质量评价

综合质量评价是根据内梅罗公式计算出综合评价分值，然后根据地下水质量评价标准确定质量级别。应该指出的是，内梅罗指数计算公式兼顾了多项因子的平均状况及影响最严重的一个水质参数，对地下水质量评价有一定的适用价值，但也存在综合指数偏高、质量级别偏低的问题。

按照综合评价分级表的分级标准，结合地下水环境条件和分布特征，研究区内深层地下水水质可以划分为水质良好区和水质较差区(见表7-3、图7-2)。造成深层地下水水质较差的主要超标因子有氟离子、硫酸根离子等。

**表7-3 地下水综合质量评价结果一览表**

| 编号 | 地点 | 综合评价分值 | 质量级别 |
| --- | --- | --- | --- |
| SJSY-01 | 兰考县高场村水厂 | 2.18 | 良好 |
| SJSY-02 | 兰考县三义寨水厂 | 2.18 | 良好 |
| SJSY-03 | 兰考县东村水厂 | 2.18 | 良好 |
| SJSY-04 | 兰考县孟庄村水厂 | 2.21 | 良好 |
| SJSY-05 | 兰考县司野村水厂 | 4.33 | 较差 |
| SJSY-06 | 兰考县西岗头水厂 | 4.32 | 较差 |

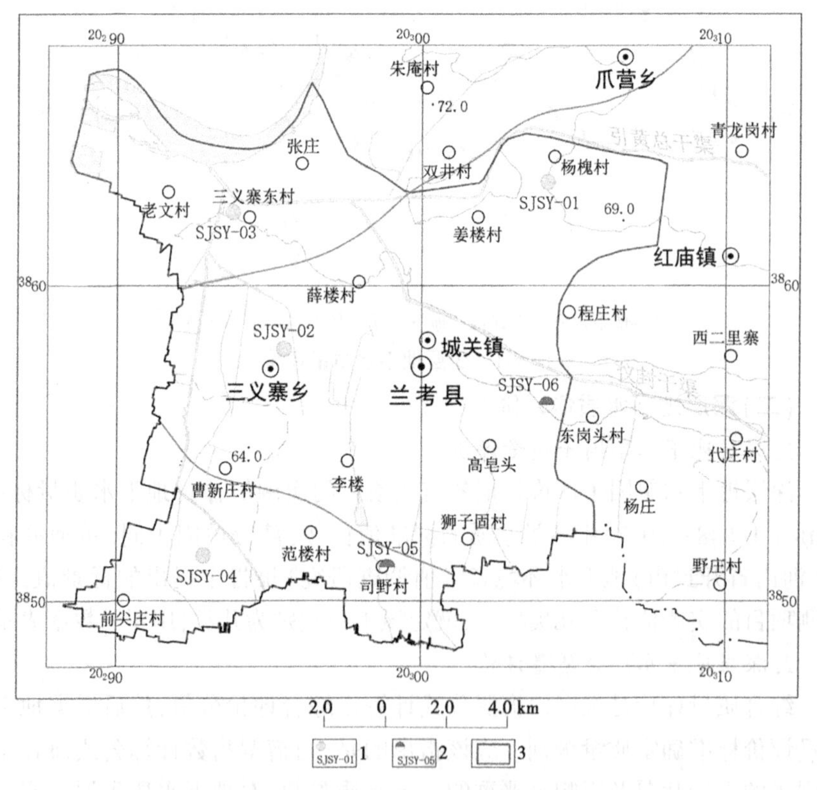


1—地下水质量良好;2—地下水质量较差;3—工作区范围。

**图7-2 深层地下水质量评价**

## 三、地下水污染现状评价

兰考县规划区地下水污染现状评价,采用综合污染指数法,首先进行单因子污染指数计算,采用水分析成果与《地下水质量标准》(GB/T 14848—2017),以人体健康基准值为依据的Ⅲ类标准比较,部分单因子同《黄河冲积平原(河南省开封市)地下水环境背景值调查研究》报告中提出的背景值比较,确定其现状污染状况。单项污染指数按下式计算:

$$I = C/C_0 \tag{7-3}$$

式中　$I$——某项因子的污染指数;

$C$——某项因子的实测含量;

$C_0$——某项因子标准值。

单项因子污染指数得出后,按下面计算公式计算综合污染指数:

$$P_i = \sqrt{\frac{\bar{I}^2 + I_{max}^2}{2}} \tag{7-4}$$

$$\bar{I} = \frac{1}{n}\sum_{i=1}^{n} I_i \tag{7-5}$$

式中　$\bar{I}$——各单项组分评分值 $I$ 的平均值;

$I_{max}$——单项组分评分值 $I$ 的最大值;

$n$——项数。

根据 $P_i$ 值计算结果,按以下规定划分地下水污染级别(见表7-4)。

表7-4　地下水污染级别分类

| 级别 | 未污染 | 轻微污染 | 中等污染 | 严重污染 |
|---|---|---|---|---|
| $P_i$ | $P_i \leq 1$ | $1 < P_i \leq 2.5$ | $2.5 < P_i \leq 5$ | $P_i > 5$ |

采用式(7-4)计算各单样的综合污染指数,按表7-4对兰考县规划区内地下水体做出综合污染评价(见图7-3)。

### (一)浅层地下水

研究区浅层地下水多为未污染,未污染水质分布于全区大部分区域;仅在曹新庄村和狮子固村所取样品中检测部分单因子超标,造成轻微污染。轻微污染区污染项目有浑浊度、总硬度、碘化物、硫酸盐、砷等,最大值为铵盐(0.67 mg/L),超标3.35倍。

### (二)中深层地下水

根据本次所取样品检测结果,兰考县规划区内中深层地下水经本次分析

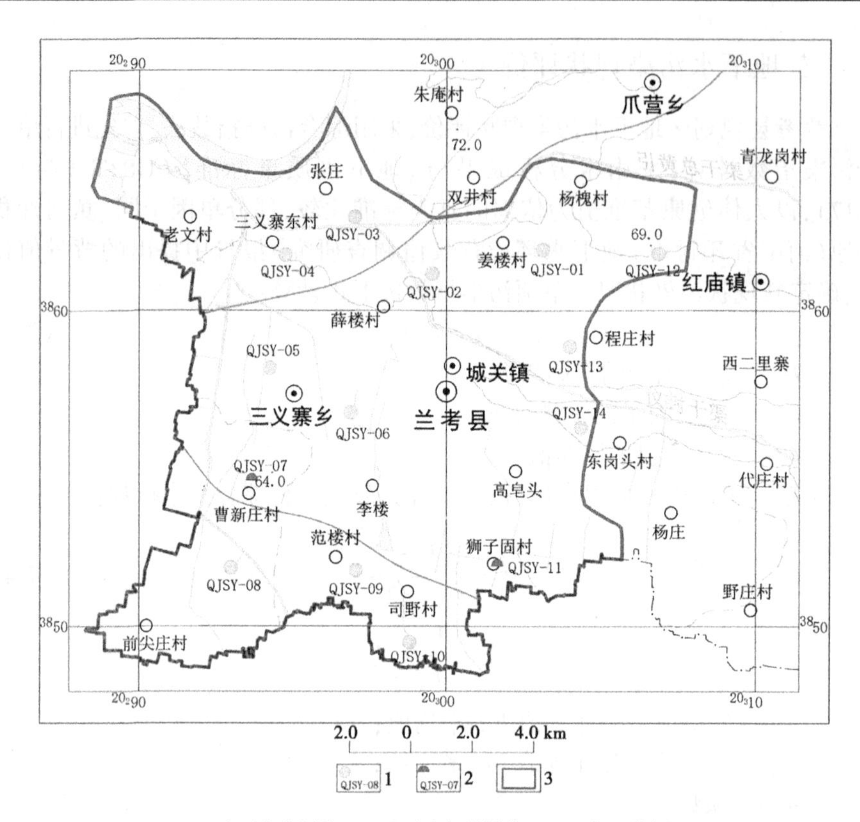


1—地下水未污染；2—地下水轻微污染；3—工作区范围。

**图 7-3　地下水污染现状分区**

评价均为未污染。

## 四、地下水防污性能评价

### （一）地下水防污性能评价方法

兰考县地下水防污性能评价采用 DRASTIC 法，即评价水文地质单元的地下水污染潜势标准系统，确定 DRASTIC 指数的方程如下：

$$DYDW + RYRW + AYAW + SYSW + TYTW + IYIW + CYCW = \text{潜在污染} \tag{7-6}$$

式中　$Y$——分级；

$W$——权重；

$D$——地下水埋深；

$R$——净补给量；

$A$——含水层介质；

$S$——土壤介质；

$T$——地形；

$I$——非饱和带影响；

$C$——含水层渗透系数。

权重：根据相对其他因素决定的每个因素的相对重要性，赋予每个因素相对权重范围从1到5，最重要的因素权重为5，最次要的因素权重为1。

分级：根据潜在污染相对重要性确定每个因素分级，赋予每个因素分级范围从1到10，最重要的因素分级为10，最次要的因素分级为1（见表7-5）。

**表7-5　地下水防污性能评价标准**

| 综合评判 | 好 | 较好 | 中等 | 较差 | 差 |
|---|---|---|---|---|---|
| 评价分值 | <20 | 20~40 | 40~60 | 60~80 | 80~100 |

### （二）兰考县水文地质单元潜在污染指数计算

兰考县位于黄河冲积平原，地形平坦，地貌单一，为统一水文地质单元区，水文地质条件变化不大，因此地下水防污性能评价统一在一个区进行。地下水补给主要来自黄河侧渗和大气降水，地下水埋深较浅，蒸发较强，由于地形平坦，地下水径流较缓。含水层颗粒较细，以粉细砂、细砂为主。土壤岩性以粉土、粉砂为主，非饱和影响带以粉土、粉砂为主，局部夹粉质黏土。从水文地质条件分析，潜在污染指数为162（见表7-6），说明兰考县浅层地下水防污性能差，地下水遭受潜在污染的危险性较大。

**表7-6　兰考县潜在污染指数一览表**

| 参数 | 范围 | 权重 | 分级 | 数值 |
|---|---|---|---|---|
| 地下水埋深 | 2~10 | 5 | 9 | 45 |
| 土壤岩性 | 粉土、粉砂 | 5 | 9 | 45 |
| 地形坡度 | 地形平坦 | 3 | 5 | 15 |
| 净补给 | 大气降水、黄河侧渗 | 3 | 7 | 21 |
| 含水层岩性 | 粉细砂、细砂、粉土 | 2 | 4 | 8 |
| 非饱和带影响 | 粉土、粉砂 | 4 | 6 | 24 |
| 渗透系数 | 5~10 | 2 | 2 | 4 |
| 潜在污染指数 | | | | 162 |

# 第二节　土壤污染评价

## 一、评价标准

土壤中重金属是农业生态系统中具有潜在危害的化学污染物。根据重金属污染状况，依据《土壤环境质量 农用地土壤污染风险管控标准(试行)》(GB 15618—2018)对由重金属及其他污染物影响的土壤质量进行评价。

在《土壤环境质量 农用地土壤污染风险管控标准(试行)》(GB 15618—2018)中，共有镉、汞、砷、铜、铅、锌、铬、镍等8个元素的质量标准(见表7-7)。

## 二、评价方法

按表7-7所示土壤环境质量标准值计算单指标土壤环境质量指数($Z_i$)。其计算公式为：

$$\begin{cases} Z_i = X_i / C_{\mathrm{I}} & \text{当 } X_i \leqslant C_{\mathrm{I}} \\ Z_i = 1 + X_i / C_{\mathrm{II a}} & \text{当 } C_{\mathrm{I}} < X_i \leqslant C_{\mathrm{II a}} \text{ 且 pH} \leqslant 6.5 \\ Z_i = 1 + X_i / C_{\mathrm{II b}} & \text{当 } C_{\mathrm{I}} < X_i \leqslant C_{\mathrm{II b}} \text{ 且 } 6.5 < \text{pH} \leqslant 7.5 \\ Z_i = 1 + X_i / C_{\mathrm{II c}} & \text{当 } C_{\mathrm{I}} < X_i \leqslant C_{\mathrm{II c}} \text{ 且 pH} > 7.5 \\ Z_i = 2 + X_i / C_{\mathrm{III}} & \text{当 } C_{\mathrm{II a}} < X_i \leqslant C_{\mathrm{III}} \text{ 且 pH} \leqslant 6.5 \\ Z_i = 2 + X_i / C_{\mathrm{III}} & \text{当 } C_{\mathrm{II b}} < X_i \leqslant C_{\mathrm{III}} \text{ 且 } 6.5 < \text{pH} \leqslant 7.5 \\ Z_i = 2 + X_i / C_{\mathrm{III}} & \text{当 } C_{\mathrm{II c}} < X_i \leqslant C_{\mathrm{III}} \text{ 且 pH} > 7.5 \\ Z_i = 2 + X_i / C_{\mathrm{III}} & \text{当 } X_i > C_{\mathrm{III}} \end{cases} \tag{7-7}$$

**表7-7　土壤环境质量标准值**　　单位：mg/kg

| 级别 | | 一级 | 二级 | | | 三级 |
|---|---|---|---|---|---|---|
| | | 自然背景 $C_{\mathrm{I}}$ | pH<6.5 $C_{\mathrm{II a}}$ | pH=6.5~7.5 $C_{\mathrm{II b}}$ | pH>7.5 $C_{\mathrm{II c}}$ | pH>6.5 $C_{\mathrm{III}}$ |
| 镉 | ≤ | 0.20 | 0.30 | 0.30 | 0.60 | 1.0 |
| 汞 | ≤ | 0.15 | 0.30 | 0.50 | 1.0 | 1.5 |
| 砷 | 水田 ≤ | 15 | 30 | 25 | 20 | 30 |
| 砷 | 旱地 ≤ | 15 | 40 | 30 | 25 | 40 |

续表 7-7　单位:mg/kg

| 级别 | | 一级 | 二级 | | | 三级 |
|---|---|---|---|---|---|---|
| | | 自然背景 $C_{\mathrm{I}}$ | pH<6.5 $C_{\mathrm{II}a}$ | pH=6.5~7.5 $C_{\mathrm{II}b}$ | pH>7.5 $C_{\mathrm{II}c}$ | pH>6.5 $C_{\mathrm{III}}$ |
| 铜 | 农田等≤ | 35 | 50 | 100 | 100 | 400 |
| | 果园 ≤ | — | 150 | 200 | 200 | 400 |
| 铅 ≤ | | 35 | 250 | 300 | 350 | 500 |
| 铬 | 水田 ≤ | 90 | 250 | 300 | 350 | 400 |
| | 旱地 ≤ | 90 | 150 | 200 | 250 | 300 |
| 锌 ≤ | | 100 | 200 | 250 | 300 | 500 |
| 镍 ≤ | | 40 | 40 | 50 | 60 | 200 |
| 六六六 ≤ | | 0.05 | 0.50 | | | 1.0 |
| 滴滴涕 ≤ | | 0.05 | 0.50 | | | 1.0 |

注:1. 重金属(铬主要是三价)和砷均按元素量计,适用于阳离子交换量>5 cmol(+)/kg 的土壤,若≤5 cmol(+)/kg,其标准值为表内数值的半数。

2. 六六六为四种异构体总量,滴滴涕为四种衍生物总量。

3. 水旱轮作地的土壤环境质量标准,砷采用水田值,铬采用旱地值。

上述公式中,$Z_i$ 为某指标土壤环境质量指数;$X_i$ 为该指标实测数据;$C_{\mathrm{I}}$ 为该指标土壤一级(一类) 临界值上限;$C_{\mathrm{II}a}$ 为土壤 pH≤6.5 时二级(二类)临界值上限;$C_{\mathrm{II}b}$ 为土壤 6.5<pH≤7.5 时二级临界值上限;$C_{\mathrm{II}c}$ 为土壤 pH>7.5 时二级临界值上限;$C_{\mathrm{III}}$ 为土壤三级(三类)临界值上限,见表 7-8。

表 7-8　土壤环境质量分类

| 环境质量指数分级标准 | 土壤分类 | 污染程度分级 |
|---|---|---|
| $Z_i \leq 0.7$ | 一类土壤 | 清洁 |
| $0.7 < Z_i \leq 1$ | | 警戒 |
| $1 < Z_i \leq 2$ | 二类土壤 | 轻度污染 |
| $2 < Z_i \leq 3$ | 三类土壤 | 中度污染 |
| $Z_i > 3$ | 超三类土壤 | 严重污染 |

单一元素土壤污染指数得出后,按内梅罗法计算综合污染指数:

$$PN = \sqrt{\frac{\bar{I}^2 + I_{\max}^2}{2}} \tag{7-8}$$

$$\bar{I}=\frac{1}{n}\sum_{i=1}^{n}I_i \tag{7-9}$$

式中 $\bar{I}$——各单项组分评分值 $I$ 的平均值；

$I_{max}$——单项组分评分值 $I$ 的最大值；

$n$——项数。

依据环境质量综合指数对全区土壤环境质量进行综合评价，综合评价结果见图 7-4。

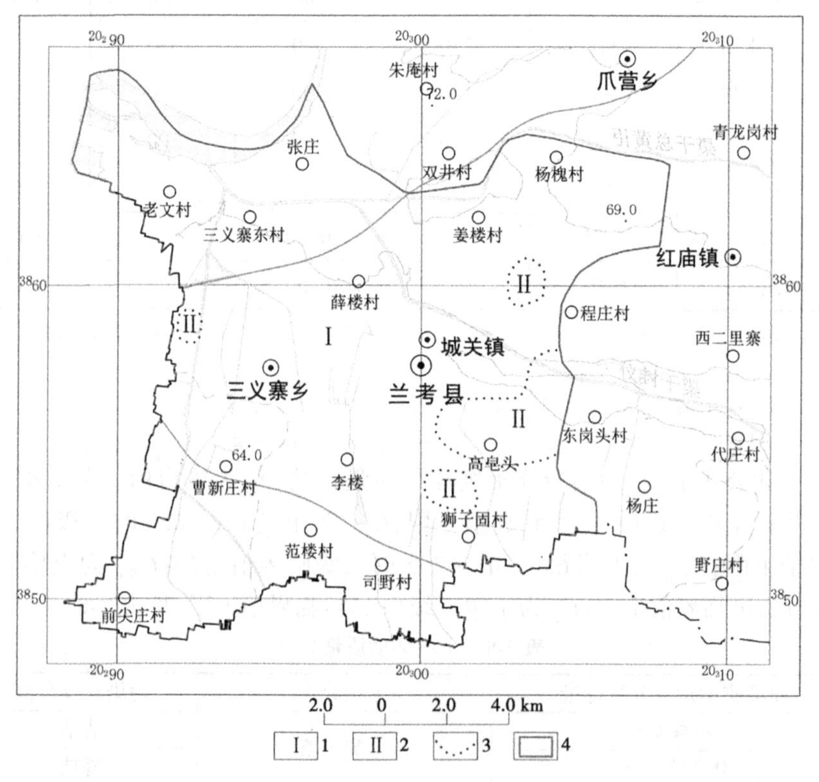


1— 一级质量分区；2— 二级质量分区；3—土壤环境质量分区界线；4—工作区范围。

**图 7-4 兰考县土壤环境质量评价**

## 三、评价结果

图 7-4 显示，一级质量区面积 204. 18 km²，占调查区面积的 97. 22%，主要分布在城市建成区周围及西部大部分区域。二级质量区面积 5. 82 km²，占调查区面积的 2. 18%，主要分布在三义寨范台庄村附近以及兰考县东部惠窑

村—西岗头村—西韩陵一带区域。

区内的一级土壤基本上保持在自然背景水平,因此在生态保护、农产品安全性方面都不存在问题。对于区内的土壤二类区,按照土壤环境分类要求适用于一般农田、蔬菜地、果园、牧场等。但是,由于生物体的累积、富集机制,该区内的汞、镉、铅、砷等重金属含量高时的加和效应,可使农产品中部分元素超过食品卫生标准。因三类区中重金属的蓄积,使蔬菜中的重金属元素很容易超过其食品卫生标准的限量。因此,土壤二类区适宜于工业用地和城市建设用地。

## 第三节　工程地质适宜性评价

### 一、评价方法及评价因子的确定

城市工程地质评价是在分析研究城市工程地质条件的基础上,对其进行定性或半定量化评价。由于工程地质条件的复杂性,无法就城市工程地质评价采用统一的方法进行定量计算研究,几十年来,地质工作者一直致力于工程地质问题的定量化研究,并取得了显著的成绩,解决了很多实际的问题。随着学科研究的深入,一些数学方法也引进了城市工程地质评价之中,其基本思路是:首先分析研究比较清楚的或已被验证过的岩土体的工程地质条件,然后建立概念模型,把描述过程、评价过程等以数学符号及公式的形式表达出来,按照某种原则对被评价对象质量等级给出一个综合性的判断,目前应用的评价方法主要有模糊综合评判法、灰色聚类、逐步判别分析、聚类分析、多目标加权法、模式识别法、层次分析法、信息量统计法、德尔菲法等。

根据兰考县及此次工作的实际情况,本次评价针对不同的评价因子采用不同的评价方法以及定性与定量相结合的原则,地基适宜性及地下空间开发利用适宜性评价主要采用德尔菲法。

德尔菲法是美国著名智囊团“兰德公司”所创,曾广泛应用于社会科学,近年来该方法开始应用于工程地质评价。该方法主要是根据不同专家对各因子对环境质量的“贡献”打分,而后根据得分的大小确定质量的优劣。

城市工程地质评价因子是用来表征岩土地基工程地质条件的指标,目前国内外没有统一的关于城市工程地质评价的指标体系,这是因为不同地区的工程地质条件千差万别,研究内容各不相同,所以很难建立统一的城市工程地质评价体系。根据兰考县的岩土地基特点,划分出不同层次的评价因子(见图7-5),进行工程地质评价。

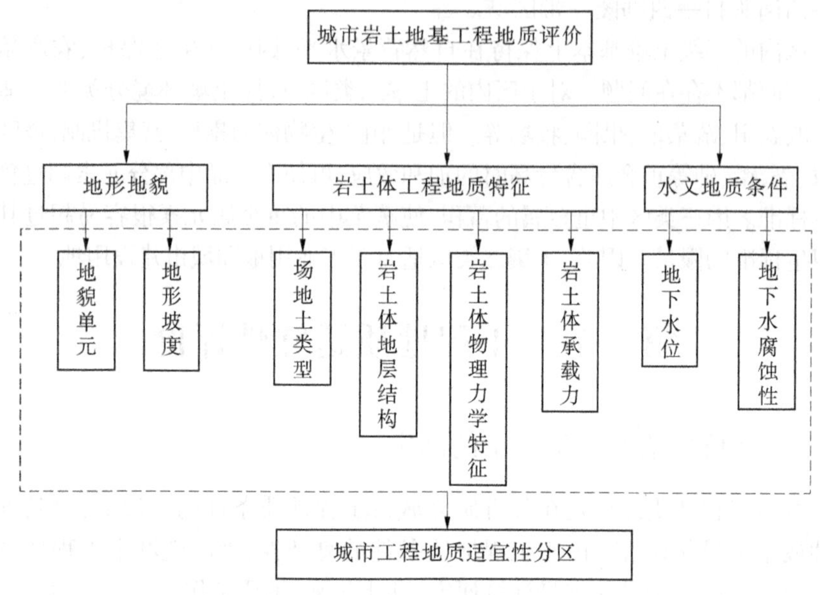


图 7-5　城市工程地质评价框图

## 二、区域地壳稳定性评价

根据前述新构造运动及地震条件分析，兰考县城及周围有发生强地震的地质构造条件，其地震震级和频度中等。兰考县区域地壳稳定性评价按表 7-9(《区域环境地质调查总则》)进行评判，评判结果为兰考县城及周围地壳属次稳定。

表 7-9　区域地壳稳定性分级

| 地壳稳定性分级 | | 稳定 | 基本稳定 | 次不稳定 | 不稳定 | 极不稳定 |
|---|---|---|---|---|---|---|
| 编号 | | Ⅰ | Ⅱ | Ⅲ | Ⅳ | Ⅴ |
| 依据指标 | 地震震级(M) | M<4 | 4≤M<5 | 5≤M<6 | 6≤M<7 1/2 | M≥7 1/2 |
| | 地震烈度(Ⅰ) | Ⅰ≤5 | Ⅰ=6 | Ⅰ=7 | Ⅰ=8~10 | Ⅰ≥10 |

续表 7-9

| 地壳稳定性分级 | | 稳定 | 基本稳定 | 次不稳定 | 不稳定 | 极不稳定 |
|---|---|---|---|---|---|---|
| 编号 | | Ⅰ | Ⅱ | Ⅲ | Ⅳ | Ⅴ |
| 参考指标 | 地震地面最大加速度 $a_{max}$ | <0.05$g$ | 0.05$g$~0.1$g$ | 0.1$g$~0.2$g$ | 0.2$g$~0.6$g$ | >0.6$g$ |
| | 地震地面最大速度 $V_{max}$/(cm/s) | <2 | 2~4 | 4~8 | 8~32 | >32 |
| | 发震(M>5)周期/a | >50 万 | 50 万~1.1 万 | 11 000~1 000 | 1 000~100 | <100 |
| | 断层活动速率/(mm/a) | <0.01 | 0.01~0.1 | 0.1~1 | 1~10 | >10 |
| | 现代地壳升降速度/(mm/a) | | <0.1 | 0.1~0.5 | 0.5~2 | >2 |
| | 现代地壳表层 $\delta x$ /$\delta y$ 比值 | | <1 | 1~2 | 2~3 | >3 |

注:1. $\delta x$—水平应力,$\delta y$—垂直应力。

2. 地质环境质量评价中,评价项目强弱等级(分四级)划分时,表中“极不稳定级”划为第Ⅳ级。

## 三、软弱土工程性质评价

地表稳定性是指地壳表面在内、外动力地质的作用和人类工程经济活动影响下的相对稳定程度。对兰考县而言,其主要包括砂土液化、地面塌陷、地面沉降、地裂缝、河流的沉积、河岸冲刷、斜坡人工边坡的稳定性等。地表稳定性评价主要是对其地质作用或因素的发育规律、强度和速度进行评价。根据章节安排,这里主要针对软土地基、砂土液化等进行论述评价,其他内容将在相关章节论述。

区内的软土主要位于兰考县西部三义寨乡地区,其总体特征为灰色、灰褐色为主的淤泥质粉质黏土,主要为河湖相沉积。孔隙比一般大于 1.0,含水量大于 30%,有机质含量一般小于 5%(见表 7-10),局部含量为 10%~25%,岩性为泥炭质土,承载力为 80~140 kPa。

表 7-10　软土物理力学指标

| 统计指标 | 土层底板埋深/m | 含水量 $\omega$/% | 重度 $R$/(kN/m$^3$) | 孔隙比/$e$ | 液限 $\omega_L$/% |
|---|---|---|---|---|---|
| 最大值 | 18.3 | 49.8 | 20.0 | 1.418 | 51.0 |
| 最小值 | 6.5 | 20.4 | 16.8 | 0.770 | 26.3 |
| 平均值 | | 34.3 | 18.4 | 1.041 | 38.2 |

续表 7-10

| 统计指标 | 塑性指数 $I_p$ | 液性指数 $I_L$ | 压缩模量 $E_{0.1-0.2}$/MPa | 黏聚力 $C$/kPa | 内摩擦角 $\varphi$/(°) |
|---|---|---|---|---|---|
| 最大值 | 20.2 | 0.98 | 10.1 | 23.4 | 16.7 |
| 最小值 | 9.1 | 0.27 | 2.6 | 11.1 | 9.5 |
| 平均值 | 16.0 | 0.75 | 4.9 | 15.1 | 12.2 |

区内软土具有承载力低、灵敏度高、透水性低的特点。对工程建设极为不利,软土地基上的建筑物易产生大沉降量,易产生侧向滑动或基础下土体挤出现象。因此,在工程建设中,应给予充分的论证。

由于软土基本不出露地表,其上部有厚度不一的相对硬壳层,因此对于荷载不大采用天然地基的轻型工程,基础宜浅埋,可充分利用软土之上的相对硬壳层作为持力层加以应用;对于荷载相对较大的工程,则应采用相对应的地基处理措施,例如 CFG 桩,高压旋喷桩、砂桩、碎石桩等复合地基形式;对于大型工程或基础埋深较大的工程,可采用桩基穿过软土层,达到提高承载力、加固软土的作用,常用的桩基有混凝土灌注桩、预应力管桩等。

## 四、地基土液化评价

依据《建筑抗震设计规范(附条文说明)(2016 年版)》(GB 50011—2010)的规定,对兰考县境内的各类地基土进行液化评价,在此基础上,对兰考县地震液化进行分区评价(见图 7-6)。

### (一)中等液化区

中等液化区分布于县城北部及东部地区,据现有资料,Ⅶ度地震烈度条件下计算液化指数为 6.8~17.3,为中等液化区,该区内液化土层底板深度为 10.0~16.8 m,液化土层厚度 4 m 左右。工程建设时,对于重要建筑,宜采用工程措施全部消除液化沉陷;对于建筑抗震设防类别相对较低的工程,可部分消除液化沉陷,或应采取相应的基础和结构措施。

### (二)轻微液化区

轻微液化区分布于县城中部及南部的大部地段,Ⅶ度地震烈度条件下计算液化指数为 1.01~5.56,为轻微液化区。该区内液化土层底板深度为 18.5~20.0 m,液化土层厚度 2 m 左右。工程建设时,对于重要建筑,宜采用工程措施全部消除液化沉陷;对于建筑抗震设防类别相对较低的工程,可部分消除液化沉陷,或应采取相应的基础和结构措施。

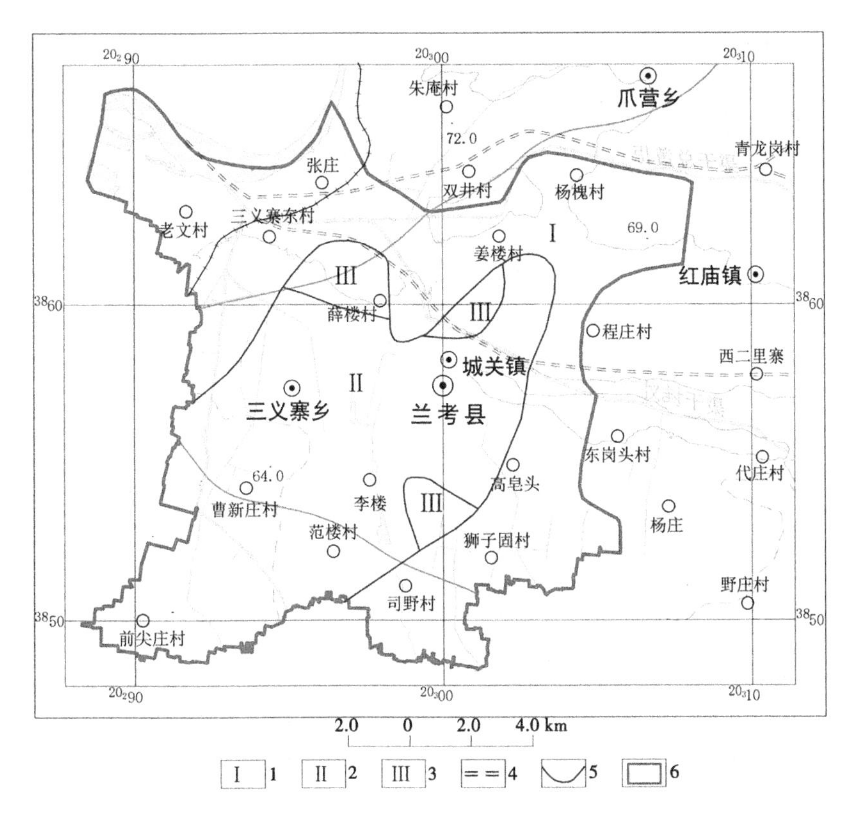


1—中等液化区；2—轻微液化区；3—无液化区；4—古河道；5—液化分区界线；6—工作区范围。

**图 7-6　研究区地基土液化评价**

**（三）非液化区**

非液化区仅分布于县城东南部的王孙庄、北部的祥龙佳苑及春源社区的局部地带，不具液化条件，为非液化区。该区内进行工程建设时，无须采用任何抗液化措施。

## 五、地下水腐蚀性评价

根据前述水文地质条件，兰考县地下水性质垂向划分深度为 40~50 m，该深度之上，地下水类型为浅层潜水；该深度之下，地下水类型为中深层承压水。由于兰考县工程建设主要集中在 50 m 之上，因此地下水对工程建设的影响主要为浅层潜水。

**（一）场地环境类型的确定**

场地环境类型是判定地下水有无腐蚀性的基础，依据《地下水质量标准》

(GB/T 14848—2017)的规定确定。

兰考县干燥指数小于1.5,依据表7-11,兰考县属于湿润区;根据主要工程建设层的透水性、含水量及地区经验,综合确定环境类型为Ⅲ类。

**表7-11 环境类型分类**

| 环境类别 | 场地环境地质条件 |
|---|---|
| Ⅰ | 高寒区、干旱区直接临水;高寒区、干旱区含水量 $w \geq 10\%$ 的强透水土层或含水量 $w \geq 20\%$ 的弱透水土层 |
| Ⅱ | 湿润区直接临水;湿润区含量 $w \geq 20\%$ 的强透水土层或含水量 $w \geq 30\%$ 的弱透水土层 |
| Ⅲ | 高寒区、干旱区含水量 $w<20\%$ 的弱透水土层或含水量 $w<10\%$ 的强透水土层;湿润区含水量 $w \leq 30\%$ 的弱透水土层或含水量 $w<20\%$ 的强透水土层 |

注:1. 高寒区是指海拔等于或大于3 000 m的地区;干旱区是指海拔小于3 000 m,干燥度指数 $K$ 值等于或大于1.5的地区;湿润区是指干燥度指数 $K$ 值小于1.5的地区。

2. 强透水层是指碎石土、砾砂、粗砂、中砂和细砂;弱透水层是指粉砂、粉土和黏性土。

3. 含水量 $w<3\%$ 的土层,可视为干燥土层,不具有腐蚀环境条件。

4. 当有地区经验时,环境类型可根据地区按经验划分;当同一场地出现两种环境类型时,应根据具体情况选定。

### (二)受环境影响地下水对混凝土结构的腐蚀性评价

受环境类型影响,地下水对混凝土结构的腐蚀性按表7-12的规定进行评价。

**表7-12 按环境类型地下水对混凝土结构的腐蚀性评价** 单位:mg/L

| 腐蚀等级 | 腐蚀介质 | 环境类型 | | |
|---|---|---|---|---|
| | | Ⅰ | Ⅱ | Ⅲ |
| 弱 | 硫酸盐含量 $SO_4^{2-}$ | 250~500 | 500~1 500 | 1 500~3 000 |
| 中 | | 500~1 500 | 1 500~3 000 | 3 000~6 000 |
| 强 | | >1 500 | >3 000 | >6 000 |
| 弱 | 镁盐含量 $Mg^{2+}$ | 1 000~2 000 | 2 000~3 000 | 3 000~4 000 |
| 中 | | 2 000~3 000 | 3 000~4 000 | 4 000~5 000 |
| 强 | | >3 000 | >4 000 | >5 000 |

续表 7-12

| 腐蚀等级 | 腐蚀介质 | 环境类型 | | |
|---|---|---|---|---|
| | | Ⅰ | Ⅱ | Ⅲ |
| 弱<br>中<br>强 | 铵盐含量 $NH_4^+$ | 100~500<br>500~800<br>>800 | 500~800<br>800~1 000<br>>1 000 | 800~1 000<br>1 000~1 500<br>>1 500 |
| 弱<br>中<br>强 | 苛性碱含量 $OH^-$ | 35 000~43 000<br>43 000~57 000<br>>57 000 | 43 000~57 000<br>57 000~70 000<br>>70 000 | 57 000~70 000<br>70 000~100 000<br>>100 000 |
| 弱<br>中<br>强 | 总矿化度 | 10 000~20 000<br>20 000~50 000<br>>50 000 | 20 000~50 000<br>50 000~60 000<br>60 000 | 50 000~60 000<br>60 000~70 000<br>>70 000 |

注:1. 表中数值适用于有干湿交替作用的情况,无干湿交替作用时,表中数值应乘以 1.3 的系数。

2. 表中数值适用于不冻区(段)的情况,对冰冻区(段),表中数值应乘以 0.8 的系数,对微冻区(段)应乘以 0.9 的系数。

3. 表中数值适用于水的腐蚀性评价,对土的腐蚀性评价,应乘以 1.5 的系数;单位以 mg/kg 表示。

4. 表中苛性碱($OH^-$)含量(mg/L)应为 NaOH 和 KOH 中的 $OH^-$ 含量(mg/L)。

根据岩土工程勘察资料和水文地质调查的水质资料,按表 7-12 对兰考县的各个建筑场地进行逐一评判。

受环境类型影响,地下水对混凝土结构的腐蚀性评价结果见表 7-13。

表 7-13　按环境类型地下水对混凝土结构的腐蚀性评价结果 单位:mg/L

| 腐蚀等级 | 腐蚀介质 | 环境类型 | 介质含量 | 单项评价结果 | 综合评价结果 |
|---|---|---|---|---|---|
| | | Ⅲ | | | |
| 弱 | 硫酸盐含量 $SO_4^{2-}$ | 1 500~3 000 | 2.23~500 | 不腐蚀 | 不腐蚀 |
| 弱 | 镁盐含量 $Mg^{2+}$ | 3 000~4 000 | 5.11~126.72 | 不腐蚀 | |
| 弱 | 铵盐含量 $NH_4^+$ | 800~1 000 | | 不腐蚀 | |
| 弱 | 苛性碱含量 $OH^-$ | 57 000~70 000 | | 不腐蚀 | |
| 弱 | 总矿化度 | 50 000~60 000 | 360.79~1 700.45 | 不腐蚀 | |

由表 7-13 可知,地下水对混凝土不具腐蚀性。

### (三)受地层渗透性影响地下水对混凝土结构的腐蚀性评价

受地层渗透性影响,地下水对混凝土结构的腐蚀性按表 7-14 进行评价。

表 7-14 按地层渗透性水对混凝土结构的腐蚀性评价

| 腐蚀等级 | pH 值 | | 侵蚀性 $CO_2$/(mg/L) | | $HCO_3^-$/(mmol/L) | |
|---|---|---|---|---|---|---|
| | A | B | A | B | A | B |
| 弱 | 5.0~6.5 | 4.0~5.0 | 15~30 | | | |
| 中 | 4.0~5.0 | 3.5~4.0 | 30~60 | 30~60 | 1.0~0.5 | |
| 强 | <4.0 | <3.5 | >60 | 60~100 | <0.5 | |

注:1. 表中 A 是指直接临水或强透水层中的地下水,B 是指弱透水层中的地下水。

2. $HCO_3^-$含量是指水的矿化度低于 0.11 g/L 的软水时,该类水质 $HCO_3^-$的腐蚀性。

3. 土的腐蚀性评价只考虑 pH 值指标;评价其腐蚀性的,A 是指含水量 $w \geq 20\%$的强透水土层,B 是指含水量 $w \geq 20\%$的弱透水土层。

按表 7-14 对兰考县的各个建筑场地进行逐一评判,评价结果见表 7-15。根据表 7-15 可知,按地层渗透性兰考县地下水对混凝土结构不具腐蚀性。

表 7-15 按地层渗透性水对混凝土结构的腐蚀性评价结果

| 指标及环境 | pH 值 | 侵蚀性 $CO_2$/(mg/L) | $HCO_3^-$/(mmol/L) |
|---|---|---|---|
| 介质含量 | 7.12~8.40 | 0 | 3.23~12.46 |
| 单项评价结果 | 不腐蚀 | 不腐蚀 | 不腐蚀 |
| 综合评价结果 | 不腐蚀 | | |

### (四)地下水对钢筋混凝土结构中钢筋的腐蚀性评价

地下水对钢筋混凝土结构中钢筋的腐蚀性评价,应符合表 7-16 的规定。

表 7-16 地下水对钢筋混凝土结构中钢筋的腐蚀性评价

| 腐蚀等级 | 水中的 $Cl^-$含量/(mg/L) | | 土中的 $Cl^-$含量/(mg/kg) | |
|---|---|---|---|---|
| | 长期浸水 | 干湿交替 | $w<20\%$的土层 | $w \geq 20\%$的土层 |
| 弱 | | 100~500 | 400~750 | 250~500 |
| 中 | >5 000 | 500~5 000 | 750~7 500 | 500~5 000 |
| 强 | | >5 000 | >7 500 | >5 000 |

注:当水或土中同时存在氯化物和硫酸盐时,表中的 $Cl^-$含量是指氯化物中的 $Cl^-$与硫酸盐折算后的 $Cl^-$之和,即 $Cl^-$含量=$Cl^-$ + $SO_4^{2-}$×0.25,单位分别为 mg/L 和 mg/kg。

按表 7-16 对兰考县的各个建筑场地进行逐一评判,之后根据地下水对钢筋混凝土结构中钢筋的腐蚀性评价结果,划分地下水对钢筋混凝土中钢筋的腐蚀性评价图,见图 7-7。

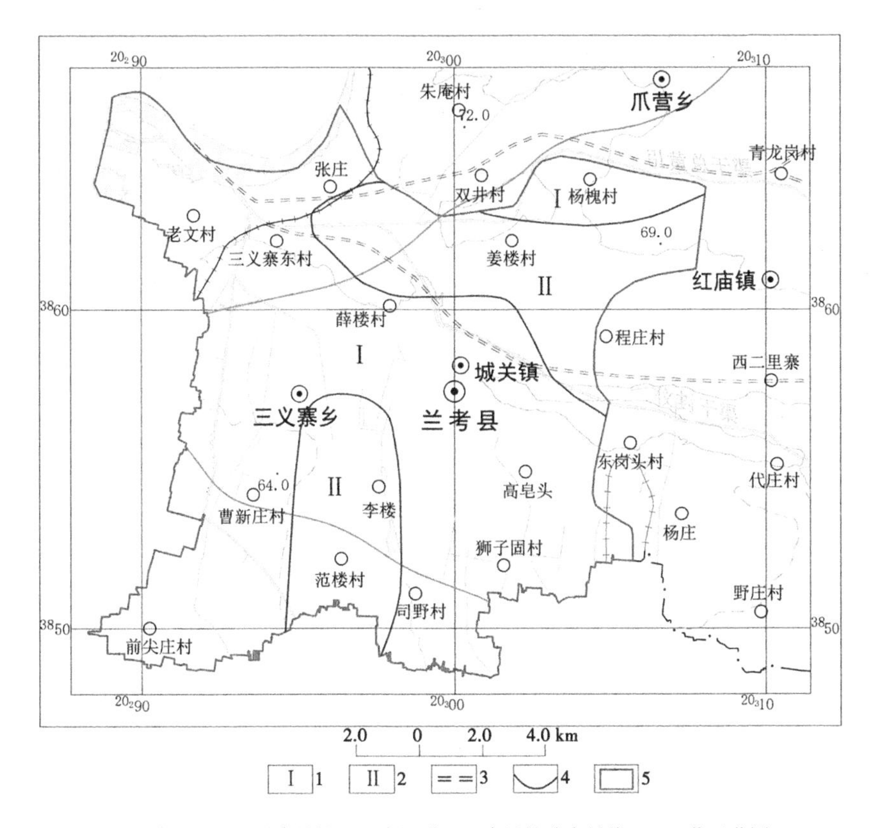


1—弱腐蚀性；2—无腐蚀性；3—古河道；4—腐蚀性分布界线；5—工作区范围。

**图 7-7　地下水对钢筋混凝土中钢筋的腐蚀性分区评价**

由图 7-7 可知，大部分地区的地下水对钢筋混凝土中钢筋具弱腐蚀性，对钢筋混凝土中钢筋不具腐蚀性的地下水主要分布在县城北部和邓漫—范楼村一带。

## （五）地下水对钢结构的腐蚀性评价

地下水对钢结构的腐蚀性评价，应符合表 7-17 的规定。

**表 7-17　地下水对钢结构的腐蚀性评价**

| 腐蚀等级 | pH 值，$(Cl^- + SO_4^{2-})$含量/(mg/L) |
|---|---|
| 弱 | pH3～11，$(Cl^- + SO_4^{2-}) < 500$ |
| 中 | pH3～11，$(Cl^- + SO_4^{2-}) \geq 500$ |
| 强 | pH3，$(Cl^- + SO_4^{2-})$任何浓度 |

**注**：1. 表中是指氧能自由溶入的水和地下水。
2. 本表亦适用于钢管道。
3. 如水的沉淀物中有褐色絮状物沉淀（铁）、悬浮物中有褐色生物膜、绿色丛块，或有硫化氢臭，应作铁细菌、硫酸盐还原细菌的检查，查明有无细菌腐蚀。

按表 7-17 对兰考县的各个建筑场地进行逐一评判，之后根据地下水对钢结构腐蚀性评价结果，划分地下水对钢结构的腐蚀性评价图，见图 7-8。

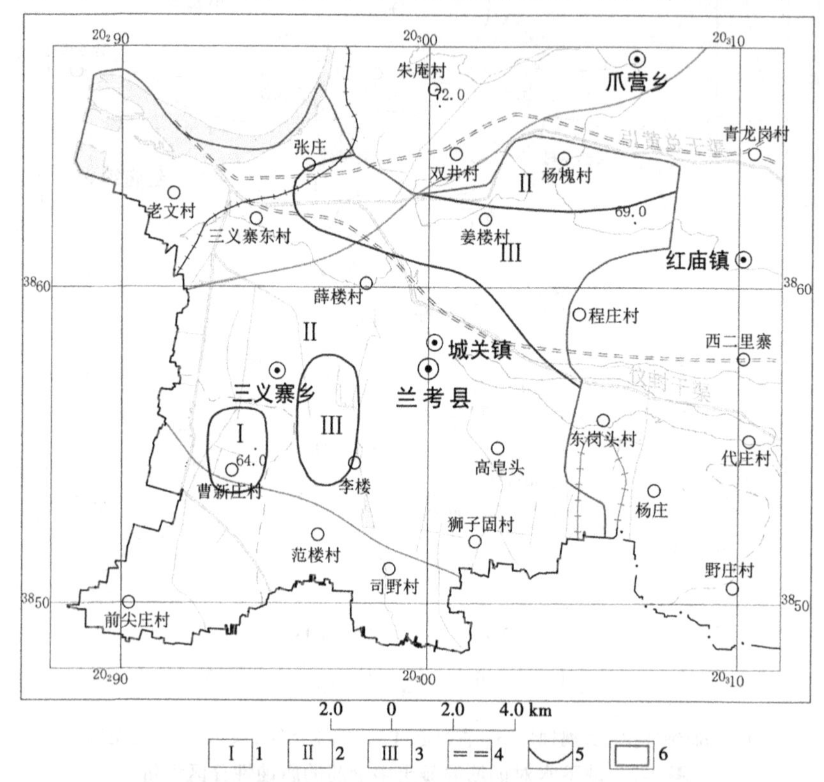


1—钢结构中腐蚀性；2—钢结构弱腐蚀性；3—钢结构无腐蚀性；

4—古河道；5—分区界线；6—工作区范围。

**图 7-8　地下水对钢结构的腐蚀性分区评价**

由图 7-8 可知，县城北部和邓漫—黄楼村一带，地下水对钢结构不具腐蚀性，曹新庄村附近区域地下水对钢结构具中腐蚀性，其他大部地段地下水对钢结构具弱腐蚀性。

## 六、工程地质适宜性分区及评价

根据前述的工程地质分区，将岩土类型分区、地震液化等级、地下水腐蚀性分区等专项工程分析评价图件进行叠加，划分地基适宜性分区（见图 7-9）。

### （一）适宜区

适宜工程建设和发展需要，该区主要分布于规划区中部，该区地貌单元为倾斜平原，地形坡度小；岩性主要为粉土、粉质黏土、粉细砂，无软土分布；饱和

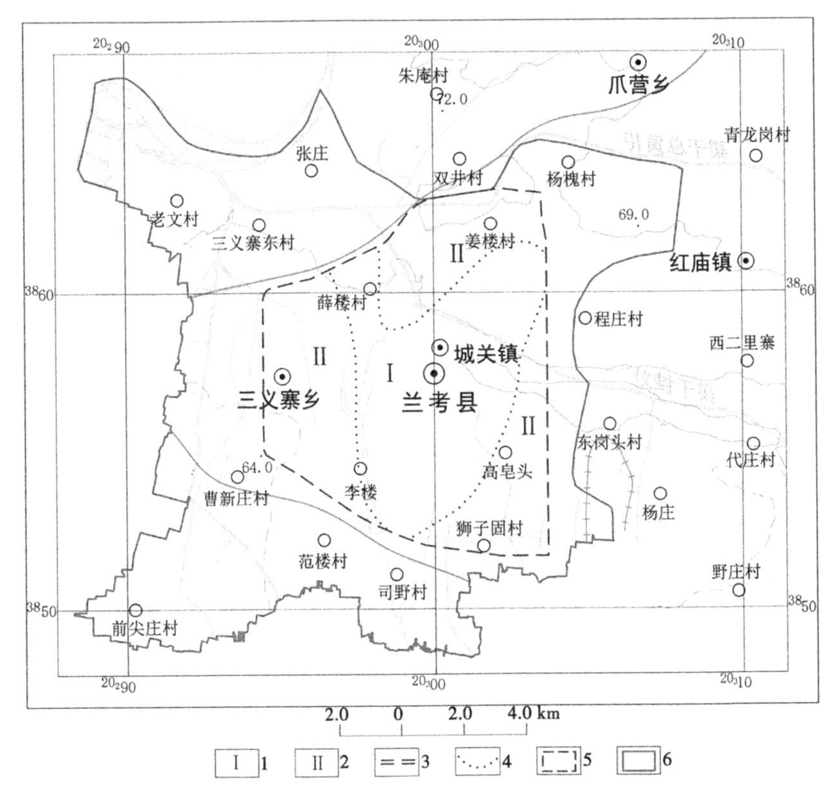


1—适宜区；2—较适宜区；3—古河道；4—分区界线；5—规划区界限；6—工作区范围。

**图 7-9　研究区工程地质适宜性分区**

粉土、砂土具无-轻微液化，上部土层承载力 100～160 kPa；地下水位埋深 7～9 m，地下水具有无-弱腐蚀性。该区工程建设中的地基危害主要表现为具轻微液化，地下水对钢筋混凝土中钢筋具弱腐蚀性，对钢结构具弱腐蚀性。

针对不同的建筑类别，工程建设时主要是针对具轻微液化等级的砂土、粉土给予相应的防液化工程措施，对地下水的腐蚀性采取相应的防腐措施。

对于小型工程或基础埋深小的大型工程，需采取一定的防护措施，例如可采用换填法等；对于基础埋深大的工程，应采取相应的基坑支护措施等。

### (二)较适宜区

适宜一般工程建设，该区主要分布于规划区西部、东北及东南部。该区地貌单元为倾斜平原，地形坡度小；岩性主要为粉土、粉质黏土、粉细砂，西部有软土分布；东北及东南部粉土、砂土具中等液化，上部土层承载力 100～160 kPa；地下水埋深小于 7 m，地下水具有无-中腐蚀性。工程建设时，该区的地基危害主要表现为西部地区有软土分布，地基土具轻微-中等液化，地下水对钢筋混凝土中钢筋具弱腐蚀性，对钢结构具弱、中腐蚀性。上部土层承载力 100~160 kPa。

针对不同的建筑类别，工程建设时主要是需针对软土和液化问题采取防护措施。该区地下水埋深较浅，局部出露地表，岩性多为粉细砂、粉土，西部有软土分布，软土和液化问题是该区在工程建设中面临的主要问题。在此区建设大型工程或做深基坑，会使工程投资费用增加更多。同时，应对地下水的腐蚀性采取相应的防护措施。

## 七、地下空间开发利用适应性分区及评价

### （一）兰考县地下空间开发利用现状

兰考县地下空间的开发利用主要集中在建筑物的地下室、地下商场和停车场等。兰考县地下空间开放利用总体呈现分散性、规模小和利用技术水平低的特征。兰考县的地下空间开发利用尚处于初级阶段，极少数工程是为了缓解城市矛盾，解决交通问题或者节约地面用地有针对性修建的。由于城市整体建设投资和技术水平的限制，大多数地下工程的内部环境和安全设施等方面都处于较低的水平。

### （二）评价方法及评价因子的确定

与城市工程地质适宜性评价类似，由于城市地下空间开发利用的复杂性，目前无法就城市地下空间开发利用评价采用统一的方法进行定量计算研究。因此，根据规划区的实际情况和地下空间开发的特点，本次评价针对不同的评价因子采用不同的评价方法以及定性及定量相结合的原则，地基适宜性及地下空间开发利用适宜性评价主要采用德尔菲法。评价因子主要包括地形地貌、地层岩性、工程地质条件、水文地质条件和地质灾害。

### （三）地下空间开发利用适宜性分区及评价

根据地下空间开发的特点和规划区的地质情况，划分规划区的地下空间开发利用适宜性分区（见图 7-10）。

#### 1. 适宜区

该区主要分布于规划区中部，地貌单元为倾斜平原，地形坡度小；岩性组合以粉土、粉质黏土夹砂层为主，无软土分布；粉土、砂土具无-轻微液化，上部土层承载力 100~160 kPa；地下水埋深 7~9 m，地下水具有无-弱腐蚀性；不良地质现象发育程度较低，易于防治。为地下空间开发利用适宜区。

该区工程地质条件较好，适宜于兴建各种地下工程。在该区进行地下工

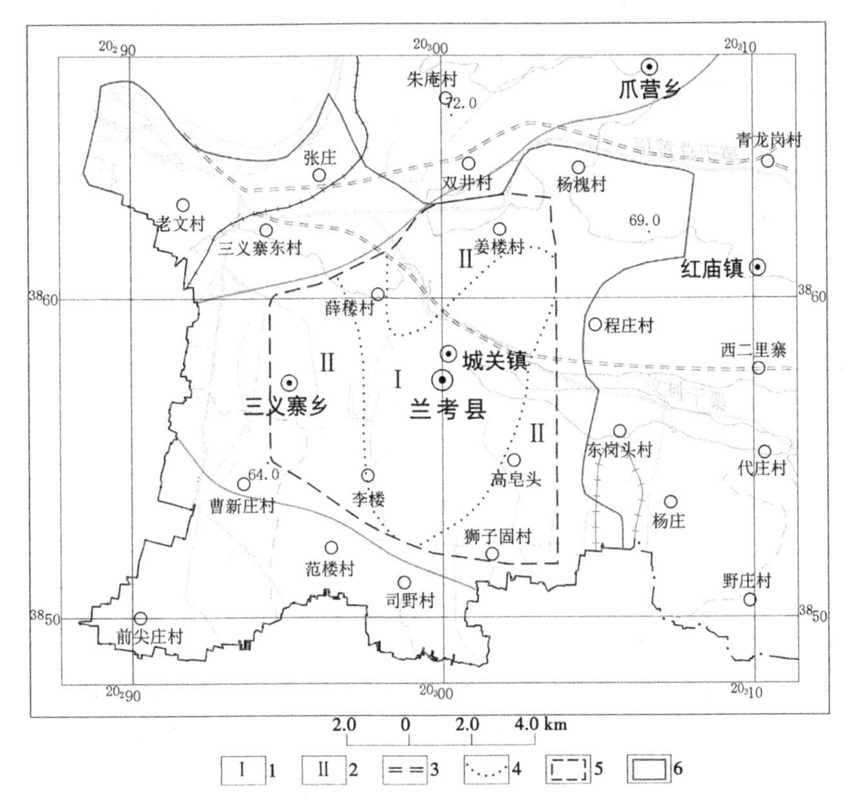


1—适宜区;2—较适宜区;3—古河道;4—适宜性分区界线;5—规划区界线;6—工作区范围。

**图 7-10 研究区地下空间开发利用适宜性分区**

程建设时,可采用明挖或暗挖的施工工艺,施工时应注意边坡稳定性,注意冒顶塌方。对于液化、地下水的腐蚀性应采取相应的工程措施。

2. 较适宜区

该区主要分布于规划区西部、东北及东南部。地貌单元为倾斜平原,地形坡度小;岩性组合为粉土、粉质黏土、粉细砂,西部有软土分布;饱和粉土、砂土具轻微-中等液化,上部土层承载力 100~160 kPa;地下水埋深小于 7 m,地下水具有无-中腐蚀性;不良地质现象发育程度较低,易于防治。为地下空间开发利用较适宜区。

该区工程地质条件一般,采取合理的措施,适宜于兴建地下工程。在该区进行地下工程建设时,可采用明挖或暗挖的施工工艺,施工时应注意砂层的支护,防止冒顶和边坡失稳。应采取相应措施做好防水措施,对于软土、液化和腐蚀性问题,应采取专门的应对措施。

# 第四节 垃圾处置场地质环境效应及新垃圾场适宜性评价

## 一、城市垃圾堆放与分布

目前,兰考县城市的垃圾处置场标准较高,主要有两种方式:一种为生活垃圾焚烧发电,另一种为垃圾填埋。但在城市周边垃圾私拉乱倒,对自然生态的破坏十分严重。研究区地处平原区,地下水浅埋,土层松散、渗透性强,造成浅层地下水污染等环境地质问题。市区外的广大农村区域,人畜粪便、生活垃圾等固体废弃物就地堆放,在降雨时冲泄漫流、淋滤,污染质直接渗入地下污染地下水。

### (一)兰考县城市生活垃圾处理厂

兰考县城市生活垃圾处理厂位于兰考县刘林村,该垃圾填埋场日处理垃圾 120 t,库容量为 11 万 $m^3$,占地面积 144 亩,规模为小型,服务年限为 13 年,该垃圾填埋场位于城市规划区之外。

从本次调查情况来看,该垃圾处理厂下部采用防渗措施,根据本次收集的垃圾场渗滤液处理后的废水、垃圾污染扩散井及周边地下水资料,该垃圾处理厂防渗效果较好,截至本次调查,未发现扩散现象。

### (二)兰考县生活垃圾焚烧发电厂

该发电厂位于华梁街南侧,东泰路西侧,占地面积 66 671 $m^3$,规模为日处理生活垃圾 900 t。其中,一期工程日处理 600 t,二期工程日处理 300 t,该方式为目前兰考县主要处理垃圾方式。根据本次调查对该发电厂周边地下水及土壤检测结果,该发电厂对周边地下水及土壤影响小。

## 二、城市垃圾处置场适宜性评价

城市垃圾处置场地适宜性评价主要以垃圾对地质环境影响评价结果为基础,综合考虑建场后的环境效应、经济效应和社会效应,采用层次分析(AHP)的方法,对目前在建或正在使用的垃圾处置场适宜性做出正确客观的评价。

### (一)城市垃圾处置场适宜性评价因子的确定

根据兰考县垃圾处置场现状分布情况,确定城市垃圾处置场适宜性主要受环境地质条件、环境保护要求、交通运输条件、社会环境条件场地建设条件和人口密度等因素制约,构造如图 7-11 所示的层次结构图。

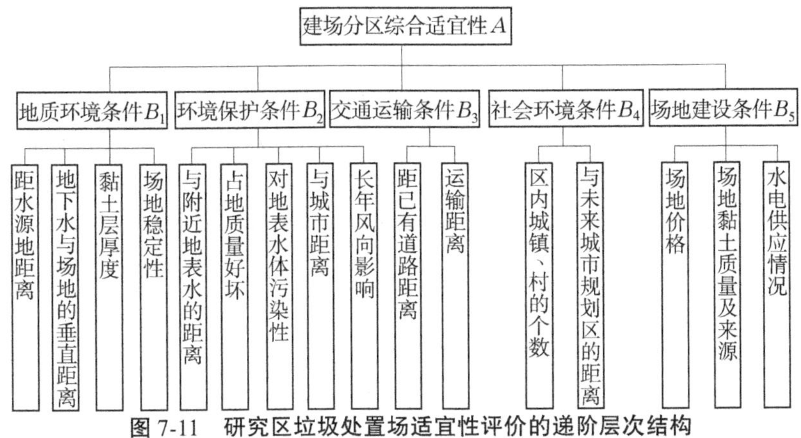


图 7-11　研究区垃圾处置场适宜性评价的递阶层次结构

## (二)构造判断矩阵

根据兰考县城市发展规划、城市垃圾处置的历史与现状,以及各垃圾处置场的影响制约因素在场地适应性评价中所占的比重,各因素的重要性由重到轻排序依次为:地质环境条件>环境保护要求>交通运输条件>人口密度>场地建设条件。

将上述各条件两两进行比较,可以构造出目标层 $A$ 与制约因素层 $B$ 之间的 $A-B$ 判断矩阵如下:

$$\boldsymbol{A}=\begin{bmatrix}1 & 2 & 3 & 4 & 7\\ 1/2 & 1 & 3 & 2 & 5\\ 1/3 & 1/3 & 1 & 1/2 & 2\\ 1/4 & 1/2 & 2 & 1 & 3\\ 1/7 & 1/5 & 1/2 & 1/3 & 1\end{bmatrix}$$

## (三)理论权重的计算

AHP 中制约因素 $B$ 对目标层 $A$ 的影响重要程度即理论权重计算步骤如下:

(1)判断矩阵的归一化。对矩阵 $\boldsymbol{A}$ 各列向量进行归一化处理,得出归一化矩阵。

$$\tilde{w}_{ij}=\frac{a_{ij}}{\sum_{i=1}^{n}a_{ij}} \tag{7-10}$$

(2)归一化向量的求得。对 $\tilde{w}$ 的各行进行求积并开 $n$ 次方,然后对所得列向量进行归一化处理即得归一化向量 $w$。

(3)求得判断矩阵最大特征值 $\lambda_{\max}$。$\lambda_{\max}$ 可按下式进行计算。

$$\lambda_{\max} = \frac{1}{n}\left(\sum_{i=1}^{n} \frac{Aw_i}{w_i}\right) \tag{7-11}$$

(4)完全一致性检验。一致性检验指标 $C_{\mathrm{I}}$ 是判定判断矩阵是否正确的标准。当 $C_{\mathrm{I}}<0.1$ 时,判断矩阵的一致性可以接受;当 $C_{\mathrm{I}}>0.1$ 时,判断矩阵的一致性较差,需重新对制约因子 $B$ 进行两两比较判断。

$$C_{\mathrm{I}} = \frac{\lambda_{\max} - n}{n - 1} \tag{7-12}$$

式中　$\lambda_{\max}$——判断矩阵 $\boldsymbol{A}$ 的最大特征值。

$n$——判断矩阵 $\boldsymbol{A}$ 阶数。

**(四)考虑制约子因素 *C* 影响的实际权重**

城市垃圾处置场的评价系数宜采用多目标的线性加权方法来描述,根据各垃圾处置场的具体情况,确定出制约子因素 $C$ 在制约因子 $B$ 中的实际权重。各制约子因素的权值确定标准如表 7-18~表 7-22 所示。

**表 7-18　环境保护要求权值确定**

| 因素 | 状况 | 权值 | 说明 |
|---|---|---|---|
| 与附近地表水的距离 $L$ | >800 m | 1 | CJJ 17—2004 标准规定,场地与地表水的距离应大于 800 m |
| | <800 m | $L/800$ | |
| 占地质量好坏 | 荒地 | 1 | 场地应尽量占用荒地 |
| | 可耕地 | 0 | |
| 对地表水体污染性 | 无污染 | 1 | 场地不应对地表水体造成污染 |
| | 有污染 | 0 | |
| 长年风向影响 | 背离居民区 | 1 | CJJ 17—2004 标准规定,场地应建在居民夏季主导风向下方 |
| | 随机 | 0.5 | |
| | 朝向居民区 | 0 | |
| 与城市距离 | >10 km | 1 | |
| | 0~10 km | $10/L$ | |

**表 7-19　地质环境条件权值确定**

| 因素 | 状况 | 权值 | 说明 |
| --- | --- | --- | --- |
| 地下水与场地的垂直距离 $h$ | >15 m | 1 | 相关研究成果表明，大于 15 m 比较安全 |
| | 2.0~15 m | 0.5 | |
| | <2.0 m | 0 | 标准规定，不应小于 2 m |
| 黏土层厚度/m | >0.75 m | 1 | 标准规定，膜下防护保护层黏土应大于 0.75 m |
| | 0.75~0 m | 0 | |
| 场地稳定性 | 稳定 | 1 | 标准规定，在活动断裂带、塌陷带、岩溶区、地震易发区、地质灾害易发区不应设垃圾场 |
| | 不稳定 | 0 | |

**表 7-20　交通运输条件权值确定**

| 因素 | 状况 | 权值 | 说明 |
| --- | --- | --- | --- |
| 距已有道路距离 $L_1$ | <0.2 km | 1 | 场地距现有道路超过 2 km，建场成本明显提高 |
| | 0.2~2 km | $1\sim L_1/2$ | |
| | >2 km | 0 | |
| 运输距离 $L_2$ | 0~10 km | 1 | 垃圾转运站到处置场之间的距离 |
| | >10 km | $10/L_2$ | |

**表 7-21　社会环境影响权值确定**

| 因素 | 状况 | 权值 | 说明 |
| --- | --- | --- | --- |
| 区内城镇、村的个数 $n$ | 乡镇所在地（$n$ 个） | $0.4/[1+0.33(n-1)]$ | 场地应选择居民较少的地段 |
| | 村庄个数（$n$ 个） | $0.6/[1+0.15(n-1)]$ | |
| | 没有村庄 | 1 | |
| 未来城市规划区的距离 $L$ | >10 km | 1 | 场地距未来城市规划区距离应大于 10 km |
| | <10 km | $L/10$ | |

表 7-22 建场条件权值确定

<table>
<tr><th>因素</th><th>状况</th><th>权值</th><th>说明</th></tr>
<tr><td rowspan="3">场地价格</td><td>便宜</td><td>1</td><td rowspan="3"></td></tr>
<tr><td>可接受</td><td>0.5</td></tr>
<tr><td>较高</td><td>0</td></tr>
<tr><td rowspan="3">场地黏土质量及来源</td><td>质量好,就地取材</td><td>1</td><td></td></tr>
<tr><td>质量好,需短途运输</td><td>0.5</td><td>运距不超过 5 km</td></tr>
<tr><td>质量好,需长途运输</td><td>0</td><td>运距大于 5 km</td></tr>
<tr><td rowspan="3">水电供应情况</td><td>方便供应</td><td>1</td><td rowspan="3">水电供应越方便,越有利于建场</td></tr>
<tr><td>设法供应</td><td>0.5</td></tr>
<tr><td>无法供应</td><td>0</td></tr>
</table>

考虑制约子因素 $C$ 对制约因素 $B$ 的影响效应,制约因子 $B_i$ 对目标层 $A$ 的实际权重 $Z_i$ 如下式。

$$Z_i = \frac{1}{n} w_i \sum_{j=1}^{n} K_j \tag{7-13}$$

式中 $n$——制约因子 $B_i$ 中制约子因素的个数。

$k_i$——制约因子 $B_i$ 中第 $j$ 个制约子因素的权值。

$w_i$——制约因子 $B_i$ 对于目标层 $A$ 的理论权重。

**(五)城市垃圾处置场适宜性综合评判的数学模型和评判标准**

城市垃圾处置场地层次分析的综合评判采取百分制,其数学模型见式(7-14)。$Z$ 为场地适宜性等级最终得分。

$$Z = 100 \sum_{i=1}^{n} Z_i \tag{7-14}$$

根据目前相关研究成果和先进城市成功实践经验,城市垃圾处置场适宜性分级标准见表 7-23。

表 7-23 城市垃圾处置场适宜性分级标准

| 等级 | 适宜场区 | 较适宜场区 | 勉强适宜场区 | 不适宜场区 |
|---|---|---|---|---|
| 分值 | 90~100 | 75~90 | 60~75 | <60 |

**(六)兰考县现有垃圾处置场适宜性评价**

兰考县目前现有垃圾处理厂 1 座,对其进行适宜性评价,根据兰考县城市环境条件，首先构造出判断矩阵。将判断矩阵进行归一化处理后，求得制约因素 $B$ 对目标层 $A$ 的权重 $w$：

$$w = (0.432、0.264、0.102、0.148、0.052)^{T} \tag{7-15}$$

计算出判断矩阵的最大特征值：$\lambda_{max} = 5.086$。

$$C_R = \frac{C_I}{R_I} < 0.1$$

经过一致性检验，表明判断矩阵一致性较好，理论权重计算正确。

根据兰考县各级填埋场的影响子因素的实际情况，查表确定出各影响因子的实际权重，并计算出各个制约因子的实际得分，求和即得出场地的适宜性最后得分。对照城市垃圾处置场适宜性分级得出垃圾场适宜性结果，见表 7-24。

**表 7-24　兰考县刘林村垃圾处理厂适宜性综合评价结果**

| 制约因素 $B_i$ | 制约子因素 $C_i$ | 实际贡献权重 $K_j$ | 评分 $Z_i$ |
|---|---|---|---|
| 环境保护条件 | 与附近地表水的距离 $L$ | 1 | 30.24 |
| | 占地质量好坏 | 0 | |
| | 对地表水体污染性 | 1 | |
| | 长年风向影响 | 0.5 | |
| | 与城市距离 | 1 | |
| 地质环境条件 | 距水源地距离 $L$ | 1 | 18.48 |
| | 地下水与场地的垂直距离 $h$ | 0.5 | |
| | 黏土层厚度 $m$ | 1 | |
| | 场地边坡稳定性 | 1 | |
| 交通运输条件 | 距已有道路距离 $L$ | 1 | 4.08 |
| | 运输距离 $L$ | 1 | |
| 社会环境条件 | 区内城镇、村的个数 $n$ | 0.6 | 4.74 |
| | 与未来城市规划区的距离 | 1 | |
| 场地建设条件 | 场地价格 | 0.5 | 2.6 |
| | 衬垫防渗黏土来源 | 1 | |
| | 水电供应情况 | 1 | |
| 适宜性评价总得分 | | | 60.14 |

由表 7-24 可以看出,现状条件下,在刘林村垃圾堆放场选址是勉强适宜的。但通过实地调查,垃圾堆放场中的生活垃圾有卫生填埋措施,场地底部设有防渗衬垫,通过对垃圾填埋场周边历年水质监测资料以及本次对其周边水土样分析结果,未发现垃圾填埋场对周边环境造成污染。

## 三、研究区未来垃圾处置场区划与优选

随着兰考县城市规模的不断扩大和城市人口的持续增加,城市生活垃圾的产量也迅速增加,加重了城市环境卫生管理的负荷。为保护兰考县城市地质环境,实现城市可持续发展,对城市未来垃圾处置场进行分区规划和优选是十分必要的。

### (一)兰考县未来垃圾处置场区划与优选技术路线

未来城市垃圾处置场受地质环境条件、环境保护条件、社会环境条件、交通运输条件和建场条件等诸多因素控制,对其进行分区规划和优选应建立在广泛收集相关资料和大量野外调查的基础上,根据调查区地质地貌条件对调查区进行分区,采取数理统计和层次分析的方法,对各个分区进行建场的适宜性评价,最后优选出适宜建场的分区,为未来兰考县后备垃圾处置场建设提供依据。本次工作的技术路线见图 7-12。

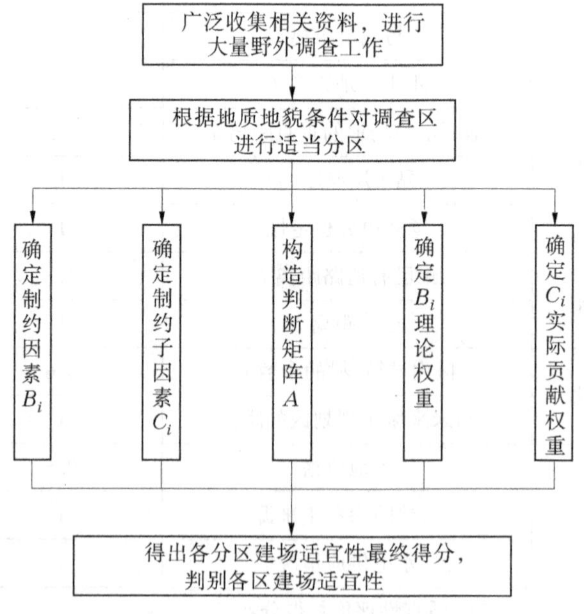


图 7-12　研究区未来垃圾处置场区划与优选技术路线

### (二)评价区的划分

根据评价区包气带岩性的差异,拟将评价区划分为两个不同的评价分区,如表7-25所示。

表7-25　调查评价区分区说明

| 分区编号 | 包气带岩性 | 有效阻隔层厚度/m | 主要分布区域 |
|---|---|---|---|
| Ⅰ | 粉质黏土、粉土 | 9.9~20 | 道士房—土柏岗—岗西一带 |
| Ⅱ | 粉土、粉砂 | 4.5 | 兰考县城区及周边大范围地段 |

### (三)各分区建场适宜性综合评价

1. 构造适宜性评价层次分析模型

兰考县未来垃圾处置场适宜性评价应综合考虑地质环境条件、环境保护要求、交通运输条件、社会环境条件、和场地建设条件等制约因素,而每个制约因素中又包含两个或更多的制约子因素。依据兰考县城市发展规划和地质环境条件,充分考虑制约因素 *B* 和制约子因素 *C* 之间的关系,构造如图7-11所示的层次结构图。

2. 根据各分区实际贡献权重确定适宜性评价得分结果

根据各分区的实际情况,按照表7-23所述评价标准,得出各分区建场适宜性评价得分,见表7-26。

表7-26　兰考县未来垃圾处置场适宜性分级

| 分区 | Ⅰ | Ⅱ |
|---|---|---|
| 适宜性评价最终得分 | 63.28 | 24.76 |
| 建场适宜性 | 勉强适宜 | 不适宜 |

根据各分区适宜性评价各制约因子得分情况,求得各分区建场适宜性评价最后得分,参照建场适宜性分级表,得出各分区建场适宜性结果,见表7-27。

**表 7-27　兰考县未来垃圾处置场适宜性分区评价结果**

| 制约因素 $B_i$ | 制约子因素 $C_i$ | 分区Ⅰ | | | 分区Ⅱ | | |
|---|---|---|---|---|---|---|---|
| | | 情况说明 | 实际贡献权重 | 评分 $Z_i$ | 情况说明 | 实际贡献权重 | 评分 $Z_i$ |
| 地质环境条件 | 距水源地距离 $L$ | >800 m | 1 | 0.432 | <800 m | 0 | 0 |
| | 地下水与场地的垂直距离 $h$ | >15 m | 1 | 0.432 | 2.0~15 m | 0.5 | 0.216 |
| | 黏土层厚度 $m$ | >0.75 m | 1 | 0.432 | <0.75 m | 0 | 0 |
| | 场地稳定性 | 稳定 | 1 | 0.432 | 稳定 | 1 | 0.432 |
| 环境保护条件 | 与附近地表水的距离 $L$ | <800 m | 0.8 | 0.211 | <800 m | 0.5 | 0.132 |
| | 占地质量好坏 | 荒地 | 1 | 0.264 | 可耕地 | 0 | 0 |
| | 对地表水体污染性 | 无污染 | 1 | 0.264 | 无污染 | 1 | 0.264 |
| | 与城市距离 | 0~10 km | 0.4 | 0.106 | 0~10 km | 0 | 0 |
| | 长年风向影响 | 随机 | 0.3 | 0.079 | 朝向居民区 | 0 | 0 |
| 交通运输条件 | 距已有道路距离 $L$ | 0.1 km | 1 | 0.102 | 0.1 km | 1 | 0.102 |
| | 运输距离 $L$ | 10 km | 1 | 0.102 | >10 km | 0.2 | 0.02 |
| 社会环境条件 | 区内城镇、村的个数 $n$ | 较少 | 0.5 | 0.074 | 多 | 0.1 | 0.01 |
| | 与未来城市规划区的距离 | <10 km | 0.7 | 0.104 | <10 km | 0.1 | 0.01 |
| 场地建设条件 | 场地价格 | 可接受 | 0.5 | 0.026 | 较高 | 0 | 0 |
| | 场地黏土质量及来源 | 质量好 | 1 | 0.052 | 需运输 | 0 | 0 |
| | 水电供应情况 | 方便供应 | 1 | 0.052 | 方便供应 | 1 | 0.052 |

续表 7-27

<table>
<tr><td rowspan="2">制约因素 $B_i$</td><td rowspan="2">制约子因素 $C_i$</td><td colspan="3">分区Ⅰ</td><td colspan="3">分区Ⅱ</td></tr>
<tr><td>情况说明</td><td>实际贡献权重</td><td>评分 $Z_i$</td><td>情况说明</td><td>实际贡献权重</td><td>评分 $Z_i$</td></tr>
<tr><td>适宜性评价总得分</td><td></td><td colspan="3">63.28</td><td colspan="3">24.76</td></tr>
</table>

由兰考县未来垃圾处置场适宜性分区评价结果（见表 7-27），各分区的影响评价结果的主要因子和建场适宜性（见图 7-13）建议陈述如下：

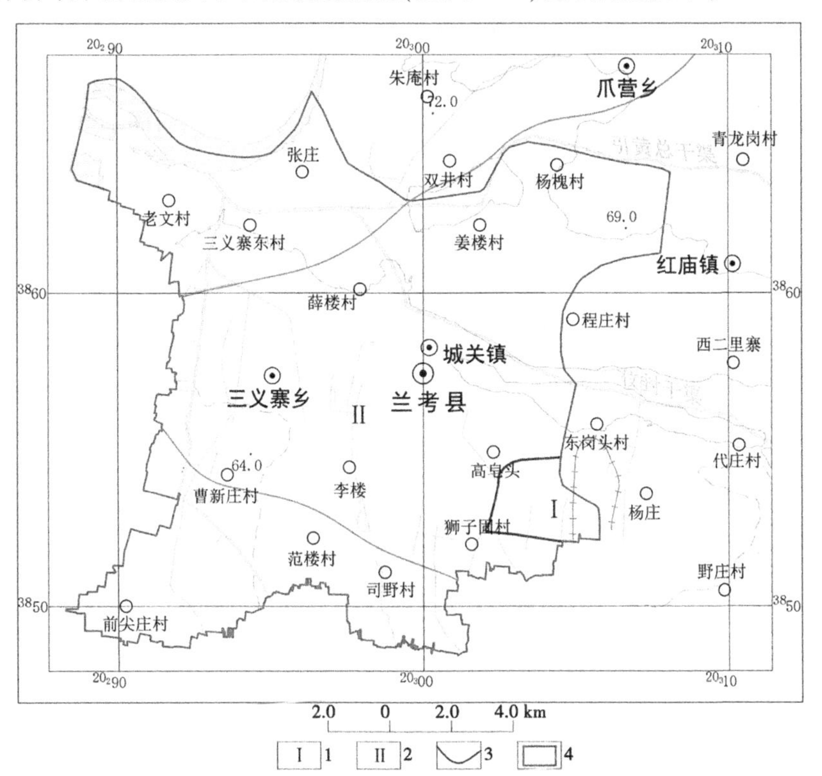


1—勉强适宜；2—不适宜；3—垃圾处置场适宜性分区界线；4—工作区范围。

**图 7-13　研究区垃圾处置场适宜性评价分区**

勉强适宜区（Ⅰ区）：包括兰考县东北郊道士房—土柏岗—岗西一带，分布面积约为6.95 $km^2$。该区地形平坦无起伏,地下水位埋深适中,无大的地表水体和集中供水水源地,包气带岩性颗粒稍细,存在中厚层粉土层和薄层粉质黏土层,渗透性中等—弱渗透性,最终评价结果为较不适宜区。如在该区建场可选择地下水位埋深相对较大、有效隔阻层较大的地段,垃圾填埋坑开挖完成后,应在填埋坑底部和侧壁铺设一定厚度的黏土衬垫,并需做好压实处理以防垃圾淋滤液向地下水渗漏,对地下水造成污染。建议在垃圾处置场布置两条相互垂直的地下水水质监测剖面,监测地下水质变化情况,发现污染及时采取必要工程措施,防止污染进一步扩大。

不适宜区(Ⅱ区):包括兰考县城区和南部、西部和北部的大部分地带,分布面积约203.05 $km^2$。Ⅱ区地形平坦起伏小,地下水埋深较小,且主要向城区方向形成径流,潜水位30 m以内基本不存在有效隔阻层,区内黏土、粉质黏土资源相对匮乏等诸多不利因素影响,该区未来垃圾处置场建场综合评价结果为不适宜区。如在该区规划垃圾处置场,不但防渗、降水处理使建场费用高昂,而且对区内地表水和地下水产生污染的风险大,对城区居民生产生活也将产生不利影响。

# 第八章　城市环境地质问题防治对策建议

## 第一节　防治的原则与要求

(1)城市环境地质问题防治必须结合城市规划进行,提出的防治方法、措施应具有针对性和客观性。

(2)城市环境地质问题防治必须坚持以“预防为主、避让与治理相结合”的原则,遵循客观规律,全面规划、合理布局、综合治理,做到统筹规划、重点突出、分步实施,确保防治工作顺利开展。

(3)城市环境地质问题防治必须因地制宜、因害设防,对位于不同区域、不同类别的环境地质问题提出相应的防治方法和措施。

(4)城市环境地质问题防治必须具有前瞻性、长远性,应结合防治技术的发展,采用新技术、新方法。

(5)城市环境地质问题防治必须采取非工程措施和工程措施相结合的办法,非工程措施包括政策法规建设、监测预警体系建设,工程措施则采取治理工程和生物工程相结合的办法。

## 第二节　防治措施、重点防治区域及重点防治工程建议

### 一、防治措施建议

#### (一)地面沉降的防治措施

1. 防治法规体系及相关机构的建设

以《地质灾害防治条例》等法规为依据,在全县范围内完善防治法规体系和技术规范。将规划的目标纳入同级社会发展规划,实行政府领导负责制。加强机构建设,明确政府和社会各行业的责任与义务。建立专门领导机构和

专业实体，统一领导规划，形成地面沉降防治的区域性合作。

2. 防治的管理规划措施

政府应将地面沉降与城市规划结合考虑，形成“重视成本效益”的地面沉降防治的社会体系。适度疏散市区人口和产业，逐步关停自备井，采用集中供水工程，减少地下水的消耗并在一定程度上改善城市地表的雨水下渗条件，控制地下水水位持续下降，使其保持在一定合理范围内变动。针对地面沉降及其导致的次生灾害做好防治工作，例如，建筑物要避开地裂缝和大漏斗区，加固或加高防洪和防潮设施，提高内河桥梁净空等。

3. 开展地面沉降监测与预测工作

在地面沉降区建立监测站网，设置分层标、基岩标、孔隙水压力标、水动态监测点等自动化监测仪器，研究沉降机制，开发预测数学模型，建立基于 GIS 的预报预警系统。当前应着重加强专业监测骨干网络建设和群测群防体系建设，以动员全民，加强科普宣传教育为基础，积极开展监测预警工作。

**（二）地下水污染的防治措施**

（1）以防为主，强化管理。

（2）建设地下水环境管理示范区。

选择少数地区，作为地下水环境管理示范区进行长期的建设。示范区的建设应当是综合性的，包括建设完善的水量、水质监测网，点污染源和面污染源的调查、评价和控制，地下水环境脆弱性调查、评价，水质、水量的统一管理措施和法规的实施等。

（3）建立地下水污染监测系统。

（4）对城区地表采用混凝土等进行硬化，增强地表的防污性能。

（5）加强城市污水、固体污染源的处理力度。

（6）根据土壤化学元素的含量，结合农作物类型制订农耕区科学合理的施肥方案。

（7）划定水源地保护区和准保护区。

（8）开展水资源综合防治工程。

（9）兰考县自来水公司水源井主要位于中心城区，其补给条件相对较差，水源地卫生防护的难度较大，且随着取水量的不断增加，势必有形成地下水降落漏斗的趋势，建议限制其开采量或将其关停作为备用（应急）水厂。由此形成的供水缺口可由增大西郊、黄河滩方向的取水量或在县城北部区域新建水源地来解决。

**(三)土壤污染防治措施**

对于土壤污染,必须贯彻"预防为主,防治结合"的环境保护方针。要控制和消除污染源,同时也要充分利用土壤强大的净化能力的特点。

(1)加强土壤污染的调查和监测工作,在查清兰考县规划区内土壤污染状况的基础上,制定出适合当地土壤污染防治和治理的战略、对策。

(2)控制和消除土壤污染源。控制和消除工业"三废"排放,加强土壤污染区的检测和管理,合理使用化肥、农药,增加土壤容量和提高土壤净化能力,科学地利用污水灌溉农田,合理使用农药,积极发展高效低残留农药,积极推广生物防治病虫害。

(3)采用施加抑制剂、客土深翻等防治土壤污染的措施。

(4)加大资金投入,开展土壤污染修复与综合治理工作。

(5)加强土壤环境保护的宣传工作,增强群众的环保意识。

**(四)城市垃圾的防治措施**

(1)优选垃圾填埋场,对于新建垃圾场应采取详细的勘查评价,对其适宜性做出评价,垃圾场的建设应结合城市地质灾害防治工程实施。

(2)加强垃圾的无害化处理,建设高标准的垃圾卫生填埋场。

(3)垃圾场尽量远离水源。

(4)合理分配垃圾处理方式的比例,减少垃圾填埋量,达到减少渗滤液的目的。

(5)从源头减量和控制垃圾。应从垃圾源头实施分类,提高回收利用率。严格控制进入填埋场的垃圾种类。

(6)加强场地水质监测,严防污染事故发生。

## 二、防治的重点区域

**(一)地质灾害防治的重点区域**

根据《兰考县城市总体规划》所做的城市空间布局情况,综合确定兰考县中心城区地质灾害防治的重点区域是区内地下水降落漏斗的区域。

**(二)水土污染防治的重点区域**

水资源是区内极其宝贵的资源,水土污染的防治要与城市供水水源地的保护紧密结合。水土污染防治的重点区域是城市各水源地卫生防护区。

**(三)城市垃圾防治的重点区域**

城市垃圾防治的重点区域是垃圾场、各垃圾临时堆放点。

# 第三节　城市规划建设的地学建议

## 一、城市规划建设在地学方面的注意事项

### (一)注重专题研究

城市规划建设要重视与环境、地质环境、水文地质、工程地质、地质灾害及其他自然灾害相关专题的研究,做到科学、合理地开发利用地质资源,防止灾害的形成,促进城市的可持续发展。

### (二)重视城市空间布局

根据专题研究报告与城市各功能区的特点,确保居住、商业、旅游、工业等各功能区的空间布局与地质环境相协调、相适应,确保地质环境不给规划的功能区造成危害,也使功能区的建设不对地质环境造成破坏,还要考虑上游功能区对下游功能区的环境带来的危害。

### (三)工程建设方面

城市建筑及重要工程尽量布设在兰考县城区及西部、南部等工程地质条件优越的地段,防止工程地质问题的形成。工程建设项目在立项之初必须开展建设用地地质灾害危险性评估工作或同时开展环境影响评价工作;工程的规划、设计必须具备适合相应阶段的工程地质或岩土工程勘察资料。

### (四)防灾减灾方面

洪水及风沙等自然灾害对兰考县城市建设的影响较大,在城市规划建设中应予以高度重视,将灾害的调查、评价、防治纳入城市规划之中。要求城市重要的功能区如居住、商业、旅游、工业、避难场所等布设在地质灾害及其他自然灾害的威胁区之外,并尽量考虑在威胁区与这些重要功能区之间规划一定的缓冲区,严禁破坏地质环境、引发地质灾害或其他灾害的行为。

### (五)环境保护方面

合理规划农业区、工业园区、污水处理厂、垃圾处理场的布局,划定水源地的保护区,重视对城市及周边各污染源的整顿、治理工作,加强对城市周边地区及河流滩地的生态环境建设,有效防止水土污染。

### (六)地下水资源的开发利用与保护方面

城市的发展不能完全依赖地下水资源,过度开发地下水容易引发一系列

的环境地质问题。目前,兰考县地下水资源的开发处于一种较好的动态平衡状态,但随着城市规模的不断扩大,城市对水资源的需求将会更大,而区内地下水资源的承载能力有限,宜开展新一轮的水文地质综合调查,查清区内地下水、地表水资源状况,对水资源进行科学、合理的优化配置。同时,加强对地下水与地表水环境的保护力度。

**(七)天然建材的开发利用方面**

开采城市天然建筑材料对城市环境会造成一定的影响,城市规划中一般都要划定禁采区。但是,这对于天然建筑材料的利用并不科学,应在正确评估天然建筑材料利用价值的基础上,在对城市环境影响较小的情况下,合理规划开采年限,同时还要做到"谁开发、谁治理",实现地质资源开发利用的可持续发展。

**(八)地质景观等旅游资源的开发与保护方面**

区内的黄河湾风景区等地质景观,应加大开发与保护的力度,使这些资源更好地服务于城市的可持续发展。

**(九)能源规划方面**

兰考县因其特殊的地理位置和深厚的第四系松散土体、浅埋的地下水资源,决定了当地的浅层地温能的开发潜力巨大。因此,应将浅层地温能的调查评价、开发利用列入城市的能源规划。同时,应当加强对深部地热资源的研究,在本次专题研究的基础上,开展深部地热资源回灌研究。

## 二、具体的地学建议

在充分分析研究前人资料和本次调查研究资料的基础上,综合考虑区内的地形地貌、地层岩性、水文地质、工程地质、环境地质、地质灾害等条件和城市规划建设的需求,结合《兰考县城市总体规划(2013—2030年)》,从地学的角度将兰考县中心城区远景规划区划分为城市建设区、旧城改造区、发展工业区、适宜城市农业发展区、适宜林业与旅游业发展区、适宜城市集中供水区、城市污水及垃圾处理区等7个区域,见图8-1。

**(一)城市建设区**

城市建设区主要位于原城关镇北部、西部区域以及三义寨乡东部区域,面积约42.40 $km^2$。该区地形平坦开阔,目前无地质灾害点分布,属于地质灾害低易发区,受邻区地质灾害的影响小,地基土体的工程地质特性良好,是区内

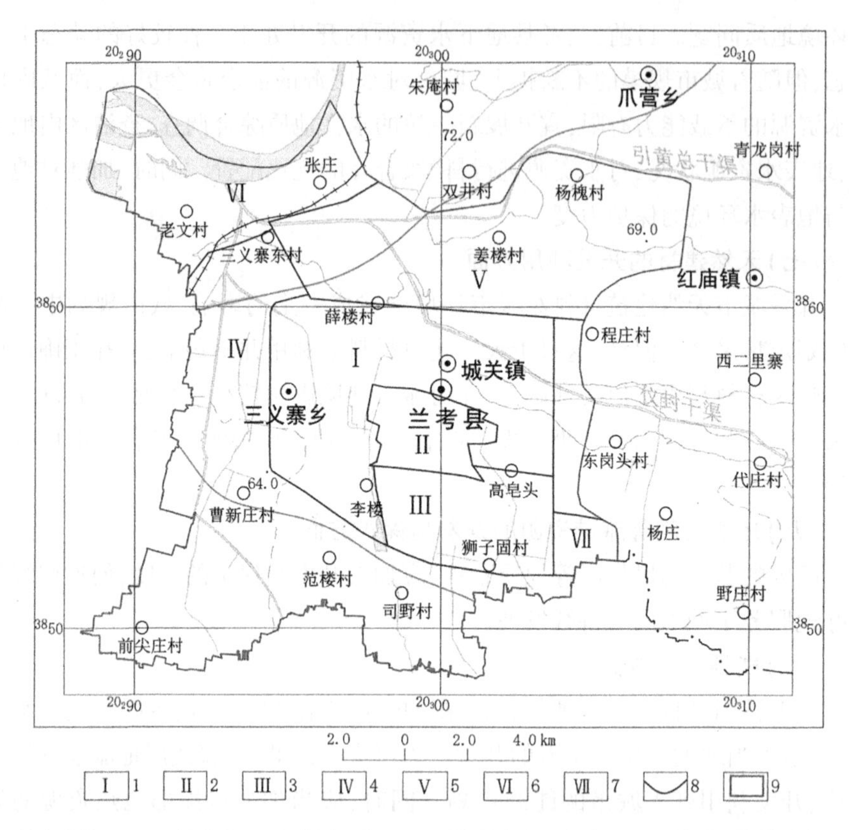


1—城市建设区;2—旧城改造区;3—发展工业区;4—适宜城市农业发展区;5—适宜林业与旅游发展区;6—适宜城市集中供水区;7—城市垃圾处理区;8—分区界线;9—工作区范围。

**图 8-1　城市建设建议分区**

城市建设条件最优越的地段,适宜于规划建设居住、商业、旅游、避难场所等重要的城市功能区。

### (二)旧城改造区

旧城改造区主要位于兰考县的旧城区所在区域,面积约 8.29 $km^2$。该区地形平坦开阔,无地质灾害点分布,地基土体的工程地质特性良好,目前大多数地段为城市建成区,是适宜于开展旧城改造的区域。

### (三)发展工业区

该区主要位于兰考县陇海铁路南部、连霍高速北部区域,面积约 16.48 $km^2$。该区地形平坦开阔,无地质灾害点分布,地基上体的工程地质特性良好。该区位于城市及地下水流域的下游段,对城市的不利影响小,适宜发展城市工业。

**(四)适宜城市农业发展区**

该区主要包括三义寨乡大部分区域和城关乡东部区域,面积约76.43 $km^2$。该区位于城市周边,对城市的不利影响很小,各区地形较平坦开阔,无地质灾害点分布,土地的耕作层较好,适宜发展城市农业。

**(五)适宜林业与旅游业发展区**

该区主要分布于黄河大堤内部漫滩区域,面积约46.03 $km^2$。该区易受洪水、风沙危害,属于地质灾害中易发区,具有发展经济林、防护林和旅游休闲的条件。

**(六)适宜城市集中供水区**

该区主要位于兰考县北部区域,面积约27.55 $km^2$。该区段供水水文地质条件优越,地下水补给条件好,平均单井统降涌水量约3 000 $m^3/d$,是极佳的傍河取水水源地。同时,这些地段处于城市上游河段或远离城区,有利于建成和管理水源地保护区。因此,上述地段是适宜城市集中供水的区域。

**(七)城市垃圾处理区**

该区主要位于城市规划区东南角,面积约3.14 $km^2$。如前所述,该区段位于城市下游,远离城区,且地势相对低平,有利于城市污水的汇流,且不会对城区地下水及地表水体造成污染,具备建设城市垃圾处置场及污水处理的条件,是适宜城市污水及垃圾处理的区域。

# 第九章　城市地质环境适宜性评价

城市地质环境适宜性评价是在城市远期规划的基础上,从地学的角度出发,综合考虑各种影响因子的影响,对城市远期规划建设用地地质环境适宜性进行综合评价,为城市远期规划用地提供依据。

## 第一节　评价方法

城市地质环境适应性评价是就城市地质环境对城市工程建设规划和实施的适宜度进行评价工作。主要方法步骤是:先对评价区进行评价单元的划分,确定出主要影响城市地质环境适宜性因素和各因素所包含的各个影响因子,再根据各影响因素相对重要程度,采用层次分析法,构造出影响因素的判断矩阵,确定出影响因子 $B_i$ 的权重后,根据影响因子 $B_i$ 在各评价单元上的初始权重与相应影响因子 $B_i$ 权重的乘积,得出该影响因子在各评价单元上的得分 $Z_i$,最后将各影响因子最终得分求和,即可得出各评价单元上适宜性评价最后得分。根据各评价单元得分情况,将分值在同一区间的单元合并成分区,再以得分判断分区为基础,结合分区地质地貌条件,对分区界限加以修正,得出最终评价成果。

### 一、研究区范围及评价单元的划分

研究区西起兰考县三义寨,东至兰考县东北场村,南至古寨村一带,北以兰商干渠为界,总面积约 210 $km^2$。本次评价工作与兰考县城市远期规划结合紧密,对已建城区和不能存在永久性建筑的黄河漫滩区未进行地质环境适宜性评价。

### 二、评价因子的确定

城市地质环境适宜性评价指标体系由多个评价因子构成。评价因子的选取、确定应体现重要性、普遍性和差异性的原则。影响城市地质环境适宜性评价主要因素包括自然地理条件、水文地质条件、工程地质条件、环境地质条件和社会影响条件五大类。兰考县地处黄河冲积平原上,地形平坦,地貌类型单一,研究区内自然地理条件差异性小。因此,本次评价工作可不考虑自然地理条件的影响。其中每一类影响因素条件又可细分为若干个评价影响因子,在综合考虑各影响因子的相互作用、相互影响的前提下,构造出城市规划用地适宜性评价层次结构图(见图 9-1)。

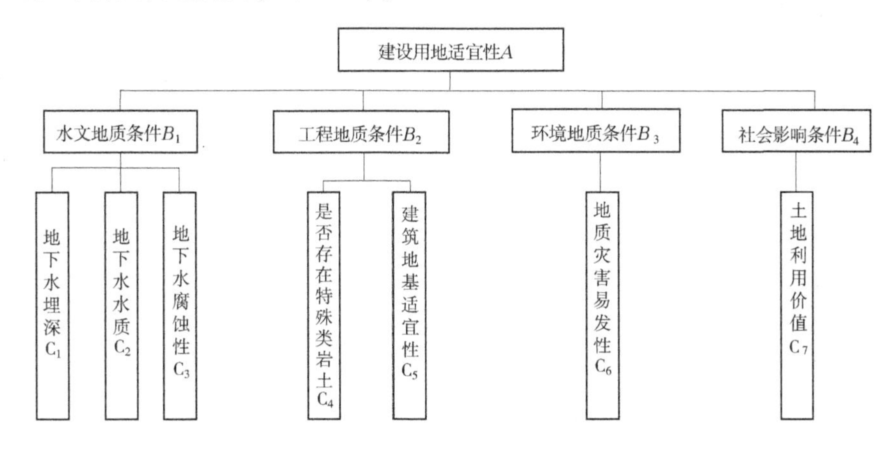


**图 9-1　研究区城市地质环境适宜性评价层次结构**

## 三、构造判断矩阵

根据兰考县远期城市发展规划布局和城市规划用地的各项影响因素在规划用地适应性评价中所占的比重,各影响因素的重要性由重到轻排序依次为:工程地质条件>水文地质条件 >环境地质条件>社会影响条件。

将上述各条件两两进行比较,可以构造出目标层 $A$ 与制约因素层 $B$ 之间的 $\boldsymbol{A}$-$\boldsymbol{B}$ 四阶判断矩阵如下:

$$\boldsymbol{A}=\begin{bmatrix} \mathrm{A} & \mathrm{B}_1 & \mathrm{B}_2 & \mathrm{B}_3 & \mathrm{B}_4 \\ \mathrm{B}_1 & 1 & 1/2 & 3 & 5 \\ \mathrm{B}_2 & 2 & 1 & 5 & 7 \\ \mathrm{B}_3 & 1/3 & 1/5 & 1 & 2 \\ \mathrm{B}_4 & 1/5 & 1/7 & 1/2 & 1 \end{bmatrix}$$

其中影响因子 $B_1$、$B_2$ 又分别包括 3 个、2 个子因子,对于各 $C_i$ 子影响因子在影响因子 $B_i$ 中所占的权重也应构造出判断矩阵来确定,构造 $\boldsymbol{B}$-$\boldsymbol{C}$ 判断矩阵如下:

$$B_1 = \begin{bmatrix} 1 & 1/4 & 2 \\ 4 & 1 & 8 \\ 1/2 & 1/8 & 1 \end{bmatrix} \qquad B_2 = \begin{bmatrix} 1 & 2 \\ 1/2 & 1 \end{bmatrix}$$

## 四、评价因子权重的求取

得出各判断矩阵后,对各判断矩阵进行归一化处理,求出 $\boldsymbol{A}$-$\boldsymbol{B}$ 的归一化向量 $\tilde{\boldsymbol{w}}=[0.300\,9,0.525\,3,0.110\,4,0.063\,4]^{\mathrm{T}}$。

为了验证 $B_i$ 因子在结果 $A$ 中权重的正确性,需对判断矩阵进行一致性检验。一致性检验指标 $C_{\mathrm{I}}$ 是判定判断矩阵是否正确的标准。当 $C_{\mathrm{I}}<0.1$ 时,判断矩阵的一致性可以接受;当 $C_{\mathrm{I}}>0.1$ 时,判断矩阵的一致性较差,需重新制约因子 $B$ 进行两两比较判断。

一致性检验具体方法如下:

(1)先求出判断矩阵的最大特征值 $\lambda_{\max}$。

(2)根据一致性检验指标 $C_{\mathrm{I}}$ 与矩阵阶数 $n$ 和矩阵最大特征值 $\lambda_{\max}$ 的函数关系求得 $C_{\mathrm{I}}$ 值。

$$C_{\mathrm{I}} = \frac{\lambda_{\max} - n}{n - 1} \tag{9-1}$$

式中　$\lambda_{\max}$——判断矩阵 $\boldsymbol{A}$ 的最大特征值;

$n$——判断矩阵 $\boldsymbol{A}$ 阶数。

按上述办法可求得判断矩阵 $\boldsymbol{A}$-$\boldsymbol{B}$ 最大特征值 $\lambda_{\max}=4.017\,8$,一致性检验指标 $C_I=0.006<0.1$,判断矩阵一致性检验满足要求,$B_i$ 中因子在结果 $A$ 中权重正确。

同理求得判断矩阵 $\boldsymbol{B}_1$、$\boldsymbol{B}_2$ 的归一化向量为:$\boldsymbol{w}_{\boldsymbol{B}_1}=[0.182,0.727,0.091]$;$\tilde{\boldsymbol{w}}_{\boldsymbol{B}2}=[0.666\,7,0.333\,3]^T$。经过一致性判定,判断矩阵 $\boldsymbol{B}_1$、$\boldsymbol{B}_2$ 均满足检验要求。

影响子因子 $C_i$ 在目标评价 $A$ 中所占的权重由下式求得:

$$Z_i = X_i Y_i \tag{9-2}$$

式中　$Z_i$——制约子因子 $C_i$ 在目标评价结果 $A$ 中所占的实际权重;

$X_i$——制约因子 $B_i$ 在目标评价结果 $A$ 中所占的权重;

$Y_i$——制约子因子 $C_i$ 在制约因子 $B_i$ 中所占的权重。

## 五、评价单元适宜性评价标准

评价区面积较大,各评价单元的地质环境特征差异性较大,对工程建设的影响的利弊方向不尽相同,因此需要一种相对统一的标准来评价。基于上述考虑,综合各影响因子包括影响子因子对城市地质环境适宜性评价影响强弱进行分级,然后根据评价单元中各项影响因子所处的级别,赋予评价单元上该影响因子的初始分值。

城市地质环境适宜性评价主要影响因子包括自然地理条件、工程地质条件、水文地质条件、环境地质条件和社会影响条件。各影响因子的评价标准见表 9-1~表 9-4。

**表 9-1 水文地质条件权值确定**

| 因子($C_1$~$C_3$) | 状况 | 权值 | 说明 |
| --- | --- | --- | --- |
| 地下水埋深 | 大于 15 m | 1 | 地下水埋深大,有利于城市各种基础设施的建设 |
| | 10~15 m | 0.9 | |
| | 5~10 m | 0.7 | |
| | 3~5 m | 0.5 | |
| | 小于 3 m | 0.3 | |
| 地下水水质 | 极差 | 0.1 | 地下水污染状况影响规划用地可能限制用途 |
| | 较差 | 0.4 | |
| 地下水腐蚀性 | 不具有腐蚀性 | 1 | 地下水对混凝土或钢筋具有腐蚀性,对城市基础设施建设极为不利 |
| | 具轻微腐蚀性 | 0.6 | |
| | 具有腐蚀性 | 0 | |

**表 9-2 工程地质条件权值确定**

| 因子($C_4$、$C_5$) | 状况 | 权值 | 说明 |
| --- | --- | --- | --- |
| 是否存在特殊类岩土 | 有软土 | 0.6 | 兰考县特殊类岩土主要为淤泥质软土 |
| | 无软土 | 1 | |

续表 9-2

| 因子($C_4$、$C_5$) | 状况 | 权值 | 说明 |
|---|---|---|---|
| 建筑地基适宜性 | 好 | 1 | 工程地质条件好,地基承载力高 |
| | 较好 | 0.8 | 工程地质条件较好,地基承载力较高 |
| | 中等 | 0.6 | 工程地质条件中等,地基承载力中等 |
| | 差 | 0 | 工程地质条件较差,地基承载力低 |

表 9-3　环境地质条件权值确定

| 因子($C_6$) | 状况 | 权值 | 说明 |
|---|---|---|---|
| 地质灾害易发性 | 易发性低 | 1 | 兰考县属平原城市,主要地质灾害易发性低 |

表 9-4　社会影响条件权值确定

| 因子($C_7$) | 状况 | 权值 | 说明 |
|---|---|---|---|
| 土地利用价值 | 距市区 5 km 以内 | 1 | 规划用地价值和地段有密切关系,距市区距离近,土地利用价值高 |
| | 距市区大于 5 km | $5/L$ | |

## 六、城市地质环境适宜性评价的数学模型和评判标准

城市地质环境适宜性层次分析的综合评判采取百分制,其数学模型为:

$$Z = 100\sum_{i=1}^{n} Z_i \tag{9-3}$$

式中　$Z$——场地适宜性等级最终得分。

根据目前相关研究成果和先进城市成功实践经验,城市规划用地地质环境适宜性分级标准见表 9-5。

表 9-5　城市地质环境适宜性分级

| 等级 | 适宜 | 较适宜 | 基本适宜 | 较不适宜 | 不适宜 |
|---|---|---|---|---|---|
| 分值 | 90~100 | 80~90 | 70~80 | 60~70 | 小于 60 |

# 第二节　城市地质环境适宜性评价

兰考县总体地貌特征如下:地貌单元主要为黄河冲积平原地貌,按其现状形态可分为黄河漫滩、背河洼地及倾斜平原三个微地貌单元,地貌类型相对简单;地层结构以第四系河流相沉积的砂性土和黏性土为主,第四系发育齐全,最大厚度将近 400 m,地层结构相对也较简单。

根据《中国地质调查局地质调查技术要求》(DD2006-XX)城市环境地质调查评价规范中的要求,兼顾评价精度和评价统计工作量,并根据表 9-1~表 9-5 中的标准确定各评价因子在评价单元中的初始权值,按照评价数学模型式(9-1)得出各评价单元地质环境适宜性的分值,然后对照表 9-5 的结果确定评价单元的地质环境适宜性分级,将分级相同的评价单元合并成分区。

由评价结果可以看出,由于评价影响因子的多样化,城市建设地质环境适宜性较差或差的分区,其根本原因是有一定差异的。城市规划建设用地可根据地质环境的主要影响因素,合理布局城市规划方案。

综合水文地质条件、工程地质条件、环境地质条件和社会影响条件四大类评价因子的影响,采用层次分析的方法,兰考县规划用地地质环境适宜性评价分区见图 9-2。

## 一、适宜区(Ⅰ区)

适宜区主要分布在兰考县城区以及北部二坝寨—姜楼村—高场村—盆窑村一带以及东部韩陵村—梁庄村—狮子固村一带的倾斜平原区域,分布面积约 102.46 km$^2$。该区地形平坦,地下水埋深适中,无特殊类岩土分布,浅部岩土体工程地质条件好,地基承载力特征值较高,区域稳定性好,无典型地质灾害类型分布,环境承受能力较强。适宜工业、民用、企事业机构、交通、绿化等各种类型基础设施建设。

## 二、较适宜区(Ⅱ区)

较适宜区主要分布在兰考县西南部孟东村一带背河洼地区域以及三义寨

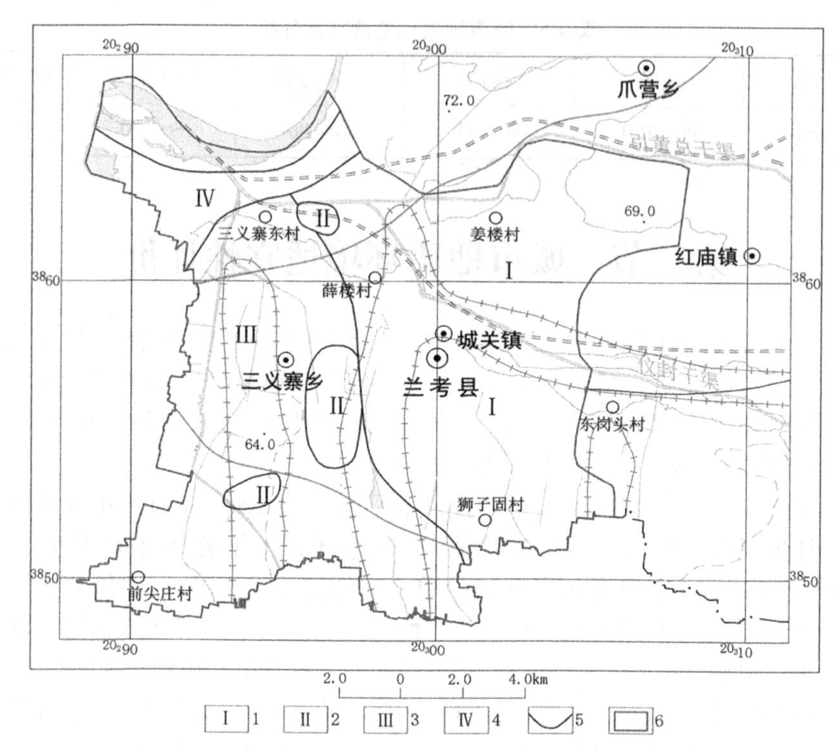


1—适宜区；2—较适宜区；3—基本适宜区；4—较不适宜区；

5—地质环境适宜性评价分区；6—工作区范围。

**图 9-2　兰考县规划用地地质环境适宜性评价分区**

乡邓曼村—香椿营—黄楼村一带微倾斜平地区地段，分布面积约 9.16 km²。该区地下水埋深较浅，地下水水质属轻微污染，对混凝土无腐蚀性，岩土体工程地质条件稍差，地基承载力特征值中等，区域稳定性好，部分地段存在地面沉降灾害的可能性，环境承受能力中等。适宜于中小型工业、民用、企事业机构建筑用地和交通、绿化等基础设施建设，大型工业和民用建筑需经过地基处理，该区环境承受能力较差，对环境有较大影响的、存在对水土有污染威胁的工业用地不宜规划。

## 三、基本适宜区(Ⅲ区)

基本适宜区主要分布在兰考县西部三义寨乡三义寨东村—管寨村—南马庄村—宜王村—前尖庄村—羊皮寨村—梓岗村—古寨村一带微起伏平地区域

以及白云山村—曹新庄村一带的背河洼地区,分布面积约 82.63 $km^2$。

兰考县西部三义寨乡三义寨东村—管寨村—南马庄村—宜王村—前尖庄村—羊皮寨村—梓岗村—古寨村的微倾斜平地,地下水埋深较小,水质污染中等但地下水对混凝土不具腐蚀性,不存在液化沙土特殊岩土,该区地质灾害易发程度低,但岩土体工程地质条件较差,地基承载力特征值较低,区域稳定性好,环境承受能力较差。适宜于中小型工业、民用和交通、绿化等基础设施建设,地基特殊处理后可进行高层建筑建设。

兰考县西部的背河洼地地下水埋深较小,水质污染轻微,存在液化沙土特殊岩土,岩土体工程地质条件较差,地基承载力特征值较低,区域稳定性好,环境承受能力较差。适宜于中小型工业、民用和交通、绿化等基础设施建设,不利于大型工矿企业、有污染的化工企业。

## 四、较不适宜区(Ⅳ区)

较不适宜区主要分布在兰考县西北的黄河大堤内老文村—夹河滩—杨疙瘩村—张庄村一带的黄河漫滩区域,分布面积约 13.46 $km^2$。该区地下水埋深小,存在液化沙土,岩土体工程地质条件较差,地基承载力特征值较低,区域稳定性好,局部地段存在发生地面沉降可能性;环境承受能力较差。不适宜大面积的工业、民用建筑用地,但对于受工程地质条件和环境地质条件影响较小的交通、绿化景观用地基本无影响。

# 第十章　结论与建议

## 第一节　主要研究成果

(1)兰考县位于河南省中东部,气候上属暖温带大陆性半湿润、半干旱季风气候区,冬冷夏热、四季分明。年平均气温 14.4 ℃,多年平均降水量 636.1 mm,多年平均蒸发量 1 620.3 mm。兰考县分属黄河流域和淮河流域。除黄河干流大堤内属黄河流域外,其他均属淮河流域惠济河、万福河水系,主要河流有惠济河、万福河、黄蔡河、济民沟等。黄河在县境内流经长度 25 km,流域面积 151.78 $km^2$,占全县面积的 13.6%,涉及三义寨、谷营、爪营、东坝头、锢阳 5 个乡(镇),主要排水沟河 1 条,年平均引黄河水资源总量 2.2 亿 $m^3$。区内地貌类型主要有流水地貌、风成地貌和人工地貌。城市坐落于辽阔的黄河下游冲积平原之上。

(2)兰考县城主要受近东西向、西北—南东向地质构造所控制,其中,西北—南东向断裂形成于燕山晚期,挽近期仍在活动,具压扭性质。区域地貌处于黄河冲积扇平原脊轴,城市发展受黄河冲积扇的形成和发展制约,黄河洪水对兰考县的威胁一刻也没有停止,黄河新近决溢泛滥堆积的泥沙至今对城市发展和建设仍产生着深远影响。

(3)兰考县广泛分布新生代新近纪和第四纪松散堆积物。松散层中夹有较多的各类砂层,这些砂层构成本区主要含水层,赋存有较丰富的地下水资源。兰考县目前城市供水水源以地表水为主,供水能力充足,市政供水能力远大于需水量,供水保障体系安全性较高。因此,兰考县要多利用黄河过境水,特别是黄河滩区地下水,少用市区的地下水。黄河滩区地下水具有储量丰富、含水砂层厚、调节性强、水质优良等优点,要建设黄河取水工程,扩大黄河滩区地下水的供水量。

(4)兰考县城市调查区浅层及中深层地下水多年平均补给资源量为 7 428.91 万 $m^3/a$,平均补给模数为 35.38 万 $m^3/(km^2 \cdot a)$。现状条件下,浅、中深层地下水开采量为 6 042.14 万 $m^3/a$,占多年平均补给资源量的 81.33%,平均开采模数为 28.77 万 $m^3/(km^2 \cdot a)$。在合理开采条件下,浅、中深层地下水可开采资源量为 6 353.83 万 $m^3/a$。城市应急水源地的应急水源主要是目前水源地的应急超采,采取以丰补歉的方案进行回补。规划的城市应急水源地为:二坝寨—姜楼应急水源地,初步计算,水源地浅层地下水可采资源量为 1.0 万 $m^3/d$。

(5)初步计算和评价了以浅层地热能、地热资源及水资源为主的清洁能源,研究区地埋管地源热泵功率 638.4 万 kW;计算新近系明化镇组热储中热水储存量($Q_L$)为 $5.2\times10^9$ $m^3$,水中储存的热量为 $1.01\times10^{18}$ J;新近系馆陶组热储中热水储存量($Q_L$)为 $3.28\times10^{10}$ $m^3$,水中储存的热量为 $7.55\times10^{18}$ J。

(6)在工程地质条件调查的基础上,对城市进行了工程地质适应性评价分区,共划分了 3 个工程地质区,将兰考县规划区划分为工程地质适宜区和较适宜区;根据地下空间开发的特点和规划区的地质情况,将兰考县规划区划分为适宜区和较适宜区。

(7)采用层次分析(AHP)的方法,对目前在建或正在使用的垃圾处置场适宜性做出正确客观的评价,并对规划区未来垃圾处置场适宜性分区进行了评价。

(8)兰考县土壤环境质量,一级质量区面积 204.18 $km^2$,占调查区面积的 97.22%,主要分布在城市建成区周围及西部大部分区域。二级质量区面积 5.82 $km^2$,占调查区面积的 2.18%。

(9)综合城市自然地理、水文地质条件、工程地质条件、环境地质条件、地质资源和社会影响条件等评价因子的影响,采用层次分析的方法,对城市地质环境适宜性进行综合评价。

## 第二节　城市发展规划和建设的建议

(1)兰考县是一个典型的平原型城市,根据兰考县地质环境条件,建议新城区向北发展。因为这里虽然是历史上黄河决口的多期决口扇,但正因为其处于决口扇的中上部,地势较高,有利于城市防洪。地表及地下有较厚的砂层存在,地基承载力较高,适合城市建设,地表的沙丘、沙地也不适宜于发展农业。

(2)兰考县处于黄河下游冲积平原区,地下水埋藏浅,饱气带岩性颗粒粗,多为粉土和粉细砂,地下水环境脆弱,因此环境保护对兰考县尤为重要。对环境保护的建议是:对城市原有的污染型企业,要求限期治理,必须达标排放;城市新区建设应多引进高新技术产业和加工型企业,严禁上马兴建各类污染型企业,沿黄一带和城市郊区应发展高效农业、特色农业及生态旅游;对现有的垃圾堆放场进行治理和污染监测,要求对城市垃圾进行无害化处理,建设新的垃圾处置场,根据兰考县的地层岩性结构和水文地质条件,建设城市污水处理厂,要求城市污水处理率达到100%,使惠济河真正成为惠及下游人民的河流。

(3)鉴于兰考县城区浅层地下水已经受到不同程度的污染,应禁止开采浅层地下水用于居民饮用水水源,尤其是一家一户的小压水井应予取缔,加大城市供水管网的覆盖率,保证居民能够饮用到清洁干净的自来水。关于城市供水,建议开发沿黄地下水,提高城市地下水的供水比例,建设城市应急后备水源地,保障城市供水安全。

(4)兰考县是平原城市,能源矿产缺乏,节约能源尤为重要,而兰考县第四系松散堆积物深厚,蕴藏有丰富的浅层地热能资源,可广泛用于建筑节能,尤其是松散的全新统和上更新统为黄河沉积物,适宜于地源热泵系统的发展和推广。建议政府出台鼓励政策,支持这一清洁可再生能源的应用和发展。

(5)兰考县属沿黄城市,黄河开封段是黄河下游悬河悬差最大的河段,黄河河床高于市区地面十余米,因此黄河防洪对兰考县至关重要,建议加大对黄河开封段的治理力度,尤其是北部的三义寨河段,黄河主河槽紧邻大堤,这里又是历史上决口频繁的河段,防洪更应该做到严防死守,万无一失。

## 第三节　下一步工作建议

为满足城市社会经济发展对地质工作的需求,建议进一步开展以下工作:

(1)随着兰考县城市的发展建设,该区地下水开采量增大,高层建筑和重要建筑物增多,加上该区新近沉积物和软土厚度较大,地面沉降研究与监测成为下一步重要的研究课题,建议开展不良土体研究,对城市地面沉降进行布网监测。

(2)为提高城市供水安全程度,保证城市大规模发展后的水资源需求,开展城市后备水源地勘查。加强城市集中供水水源地的监测,特别是监测小浪底水库运行以来环境地质条件的变化,对黄河沿岸湿地、土壤等生态环境地质的影响,对地下水水位、水质、水量变化的影响,对已建成的集中傍河水源地的影响。

(3)在资源方面,开展浅层地热能在内的地热资源开发利用研究;在环境和地质等方面,开展生态环境地质调查工作,确定出生态环境和地质脆弱区、南水北调干渠保护区、城市后备水源地保护区等。

(4)开展包括新区在内的兰考县城市地质调查工作,建立数字城市和三维城市可视化模型。随着新区范围的扩大,亟须开展城市地质调查工作,为城市发展提供地质基础支撑。兰考县几十年的大规模建设积累了大量的水文地质、工程地质勘察资料,而这些资料又分散保存在各勘察单位、管理部门和建设单位,建议开展城市地质调查,建立数字城市和三维城市可视化模型。三维城市可视化模型需大量的钻孔资料和勘查成果作支撑,而这些资料收集起来又困难重重,建议今后城市所有地质勘察资料都要向政府指定的某一个部门或单位汇交,否则采取勘察资料不得使用、设计不予审批、工程不得验收等措施。

# 参考文献


[1] 张永双，孙璐，殷秀兰，等. 中国环境地质研究主要进展与展望[J]. 中国地质，2017，44(5)：901-912.

[2] 马震，黄庆斌，林良俊. 雄安新区多要素城市地质调查实践与应用[J]. 城市地质，2022(3)：58-68.

[3] 文冬光，刘长礼. 中国主要城市环境地质调查评价[J]. 城市地质，2006，1(2)：4-7.

[4] 郝爱兵，林良俊，李亚民. 大力推进多要素城市地质调查精准服务城市规划建设运行管理全过程[J]. 水文地质工程地质，2017(4)：1.

[5] 杜绍敏. 自然资源的开发利用与环境保护[J]. 东北林业大学学报，2002(2)：95-98.

[6] 河南省地质矿产勘查开发局第二地质环境调查院. 河南省兰考县城市地质调查评价报告[R]. 2018.

[7] 河南省郑州地质工程勘察院. 河南省兰考县新水厂薛楼水源地地下水供水水文地质详查报告[R]. 2005.

[8] 河南省地质环境监测院. 河南省兰考县原生劣质水区饮用地下水勘查报告[R]. 2011.

[9] 河南省水利勘测设计有限公司. 兰考县水资源综合规划报告[R]. 2015.

[10] 商丘市永发工程咨询有限公司. 兰考县水资源开发利用调查评价[R]. 2015.